缝洞型油藏注氮气
提高采收率技术研究与矿场实践

NITROGEN INJECTION EOR TECHNOLOGY
AND ITS FIELD APPLICATION IN FRACTURED-VUGGY RESERVOIR

曹飞 陈勇 解慧 赵进 郭臣 著

中国石油大学出版社

山东·青岛

图书在版编目(CIP)数据

缝洞型油藏注氮气提高采收率技术研究与矿场实践 /
曹飞等著. --青岛 ：中国石油大学出版社，2021.12
ISBN 978-7-5636-7333-9

Ⅰ．①缝… Ⅱ．①曹… Ⅲ．①碳酸盐岩油气藏－提高
采收率－研究 Ⅳ．①TE344

中国版本图书馆 CIP 数据核字(2021)第 240752 号

书　　名：缝洞型油藏注氮气提高采收率技术研究与矿场实践
FENGDONGXING YOUCANG ZHUDANQI TIGAO CAISHOULÜ JISHU YANJIU YU KUANGCHANG SHIJIAN
著　　者：曹飞　陈勇　解慧　赵进　郭臣
责任编辑：穆丽娜(电话 0532－86981531)
封面设计：悟本设计
出 版 者：中国石油大学出版社
　　　　　　(地址：山东省青岛市黄岛区长江西路 66 号　邮编：266580)
网　　址：http://cbs.upc.edu.cn
电子邮箱：shiyoujiaoyu@126.com
排 版 者：青岛天舒常青文化传媒有限公司
印 刷 者：山东临沂新华印刷物流集团有限责任公司
发 行 者：中国石油大学出版社(电话 0532－86981531，86983437)
开　　本：787 mm×1 092 mm　1/16
印　　张：14.5
字　　数：357 千字
版 印 次：2021 年 12 月第 1 版　2021 年 12 月第 1 次印刷
书　　号：ISBN 978-7-5636-7333-9
定　　价：168.00 元

前　言

　　塔河油田是我国第一个大型海相碳酸盐岩油气田,油藏非均质性强,连通性复杂,油井往往初产高、衰竭快,大量剩余油在地下难以采出,其高效开发是世界级难题。通过精细研究发现,注入氮气后,利用油、气重力分异作用形成人工气顶,可非混相驱替顶部阁楼油。注氮气开发技术在塔里木盆地塔河油田缝洞型油藏中应用 9 年,累计实现增油 480×10^4 t,目前已经建成国内首个超大规模的注氮气开发示范基地,年注氮气能力达到 3.5×10^8 m^3,注氮气年产油量近百万吨,相当于一个中—大型油田的年产油量。

　　本书首次对塔河油田缝洞型油藏注氮气开发理论和实践经验进行了系统总结,囊括了"十二五""十三五"期间缝洞型油藏注氮气提高采收率技术研究成果。全书共 5 章,第 1 章介绍国内外注气提高采收率技术发展趋势,重点对塔河油田缝洞型油藏注氮气技术与开发现状进行阐述;第 2 章从室内实验与矿场试验两个方面介绍缝洞型油藏注氮气提高采收率机理,包括非混相驱、传质扩散、抽提、改变流场、抑制底水和气水协同等作用;第 3 章从数值模拟与数学统计两个方面阐述缝洞型油藏提高采收率技术,涉及注氮气选井、注氮气方式优化、井网及参数设计与效果评价;第 4 章介绍缝洞型油藏注氮气配套技术,涵盖注氮气气窜预警、泡沫辅助氮气驱技术及注氮气增效技术;第 5 章介绍缝洞型油藏注氮气提高采收率技术矿场实践,重点对典型案例、方案设计、效果评价等进行总结。

　　本书各章节撰写分工如下:第 1 章由曹飞撰写,第 2 章由陈勇撰写,第 3 章由陈勇、刘学利、郭臣、解慧撰写,第 4 章由曹飞、赵进、朱乐乐撰写,第 5 章由郭臣、陈勇、谭涛、杨占红、惠健撰写。全书由曹飞、陈勇统稿并定稿。

　　本书内容理论具有原创性,且实用性、操作性和指导性较强。期望本书能为缝洞型油藏开发提供技术参考,成为开发工作者的技术手册。虽然注氮气已经成为塔河油田提高采收率主导技术,并且实现了规模化应用,但缝洞型油藏注氮气开发技术与相关理论还处在不断发展完善中,加之作者水平有限,错误之处在所难免,敬请广大读者批评指正!

目　录

第 1 章
绪　论

　　注氮气作为提高采收率的关键技术之一,在碳酸盐岩缝洞型油藏中具有较好的应用前景。向油藏中注入非混相的氮气可以形成人工气顶,这对于以溶洞为主要储集空间的强非均质性油藏具有非常大的优势,可以在补充油藏能量的同时大幅度提高油藏采收率。该技术在国内外碳酸盐岩油田均有成功的案例,是一种既高效又经济的提高采收率技术。

1.1　国外注气技术发展趋势

　　从 20 世纪 70 年代开始,国外许多国家针对缝洞型油藏广泛开展了注气提高采收率技术,如土耳其 Bati Raman 缝洞型碳酸盐岩油田、哈萨克斯坦 Tengiz 油田、挪威 Ekofisk 油田、伊朗 Haft Kel 裂缝型油田、墨西哥 Bermudez 和 Sitio Grande 油田等都先后开展了注气驱,并取得一些效果。目前碳酸盐岩油藏注气提高采收率技术以注二氧化碳、氮气和烃类气体为主。墨西哥 Bermudez 油田实施了氮气非混相驱,哈萨克斯坦 Tengiz 油田、伊朗 Darquain 油田实施了烃气驱,墨西哥 Sitio Grande 油田实施了二氧化碳混相驱。根据美国《油气杂志》2000 年至 2010 年发表的《世界 EOR 调查报告》中统计的国外碳酸盐岩油藏所实施的注气项目,注二氧化碳所占比例最大,为 61％,注烃类气体所占比例为 36％,而注氮气所占比例最少,仅为 3％,这主要是因为美国气源充足且二氧化碳项目多。另外,二氧化碳的混相压力低于氮气,在相同油藏条件下,注入的二氧化碳易与原油混相而形成混相气驱,而注氮气开发为非混相气驱,两种驱替方式都可应用在缝洞型碳酸盐岩油藏中。

　　对于具有埋藏较深、油藏倾角较大、油层厚、原油黏度低等特点的碳酸盐岩油藏,在经过水驱开发后,常常会在油藏顶部滞留阁楼油,同时水驱后存在高含水条带,致使中、弱水淹层难以进一步有效动用。为进一步提高采收率,并围绕扩大注气波及体积,国外发展了纯气驱、常规连续注气、水气交替注入和气体辅助重力驱油(GAGD)等提高采收率技术。其中,GAGD 技术提高采收率水平可以达到水驱的两倍,是所有非混相驱中最高的,已成为油藏提高采收率的最新开发方式。

　　在 GAGD 机理及理论方面开展了大量研究,主要包括:① 基于实验室垂直填砂模型,在流体动力学方程的基础上提出了重力驱油理论及解析模型;② 应用 Buckley-Leverett (B-L)非混相驱替理论和分流量方程拟合了实验室稳定注气重力驱实验结果,指出重力驱油采收率与产出量成反比,与注入量成正比,并提出了重力泄油最大临界流量;③ 通过二维微观模型和疏松玻璃珠模型开展了重力辅助注惰性气体实验,提出了两种可能的重力驱机理,实验证明不连续油相能够通过减小注入速率来重新聚集和驱替;④ 研究了二维可视容器内的自由重力泄油情况,在新的无因次组合(毛细管数、邦德数和重力数的组合)和采油量之间建立了良好的关系。

另外,国外很多学者借助物理模型研究了 GAGD 技术的主要影响因素,主要包括岩石润湿性、铺展系数、重力分异作用大小、高角度裂缝发育状况、注气速度等。研究表明: ① 亲油储层的采收率高于亲水储层;② 水湿体系中当油在水气之间自发传播时(即铺展系数为正的条件下)会有最好的重力驱三次采收率;③ 流体重力分异影响常规连续注气的开发效果,水气交替注入开发虽然减弱了重力分异的影响,但是由于注入气比储层原油轻,容易形成超覆,而注入水比原油密度大,容易形成底覆,故波及系数仍然较低,现场应用表明采收率提高幅度不大,仅为 5%~10%;④ 非混相 GAGD 对裂缝性油藏来说是一种非常成功的 EOR 方法,裂缝并没有对 GAGD 提高采收率产生负面影响,技术实践证明与非裂缝性油藏相比,裂缝性油藏更能够提高采收率;⑤ 注气速度决定水平驱替界面是均匀向下驱替还是局部黏性指进,注气速度过高会加快形成驱替气指进和舌进现象,使气体过早突破,从而降低注气效果,而注气速度过低则会延长注气见效期,影响经济效益。

在矿场应用方面,国外油田应用 GAGD 技术取得了较好的提高采收率效果,典型案例为墨西哥的 Cantarell 油田。

Cantarell 油田原始石油地质储量为 350×10^8 bbl(1 bbl=0.159 m³),已探明储量为 135×10^8 bbl,占墨西哥石油总储的 26%,是墨西哥最大的油田,由 Akal,Chac,Kutz, Nohoch 和 Sihil 5 个区块组成。其中,Akal 是最主要的一个区块,Cantarell 90% 的原油产量来自 Akal 区块,在原始石油地质储量中 Akal 占 90% 以上。原油的相对密度为 0.940 2~0.928 1,为 Maya 类原油。该油田由墨西哥国家石油公司勘探和生产分公司(PEP)经营。

1) Cantarell 油田选择注氮气作为补充能量的方法

随着油层压力的下降,Cantarell 油田产油量呈递减状态。该油田于 1979 年 6 月开始生产,到 1981 年 4 月 40 口井的高峰产油量达 116×10^4 bbl/d,稳定到 1996 年初,在此期间,新钻开发井 139 口,并采取了气举和降低回压措施。当油层压力从 270 kgf/cm² (1 kgf/cm²=0.1 MPa)降至 113 kgf/cm² 时,单井产油能力也由最初的 3×10^4 bbl/d 降至 7×10^3 bbl/d。压力下降导致油田南部边缘出现了天然水侵,油藏出现了二次气顶,油井产量下降了 3/4,气举气量增加,很难继续保持目标产油量。

为了提高 Akal 区块的采油能力及采收率,制订了注氮气保持压力的综合方案。Akal 西南区注水项目研究表明,在断裂区很有可能出现水窜,导致油井过早见水,因此放弃了注水补充能量的方案。Akal 区块具备有效重力驱油开采的有利条件,即断裂范围大、渗透率高、油层丰厚、构造起伏大及二次气顶。由于氮气密度小、弹性大,是重力稳定驱的最佳选择,且惰性强,腐蚀问题不突出,因此选择注氮气补充地层能量。

Akal 区块于 2000 年开始注氮气,注气实施效果显著。最初通过 7 口新井注氮气,注入时间不长,生产井开始有响应。2004 年石油产量达到峰值,每天 220 口生产井生产 215×10^4 bbl 石油,但这个产量维持时间很短,由于近井地带的气、水锥进问题,产量急剧递减。采收率从 1996 年的 14% 增加到 2009 年的 38%,此后产量急剧递减,2015 年产量约为 40×10^4 bbl/d。

尽管如此,Cantarell 油田注氮气项目仍是世界上最大的注氮气提高采收率项目,是 PEP 公司近 20 年来所从事的最重要的项目,目前生产井动用了 44% 的原始地质储量,氮气 EOR 项目覆盖了 $25\times10^8\sim30\times10^8$ bbl,占 7%~9% 的原始地质储量。

2) 注氮气项目商业化管理大大降低了注气成本

Cantarell 油田注氮气项目实行商业化管理,氮气供应采用外包形式。关于氮气承包方式,PEP 以 BOO(建设、拥有和经营)的形式进行国际招标,将 $3\,400\times10^4$ m³/d 氮气供应按私有化项目处理,中标公司承担制氮厂的建设、经营及维持并向油田注氮区供氮气 15 年。根据与坎塔雷尔氮气公司签署的合同,建设了 4 个制氮及压缩模块,每个模块的制氮能力为 850×10^4 m³/d,压缩至 10.3 MPa。

1999 年初签订注氮气项目合同后开始实施,效果显著。2000 年 4 月至 2016 年 1 月,PEP 在注氮平台上接收了 $3\,400\times10^4$ m³/d 的氮气。第一年氮气成本为 0.56 美元/(10^3 ft³)(0.02 美元/m³),到 2016 年,降至 0.23 美元/(10^3 ft³)(0.008 美元/m³),整个供氮期间平均费用为 0.36 美元/(10^3 ft³)(0.013 美元/m³)。注氮气项目税前经济评价结果内部盈利率为 95.4%,成本效益率为 5.4 美元/美元,投资回收期为 1 年;税前新增建设项目的评估结果(内部盈利率)为 99.5%,成本效益率为 3.6 美元/美元,投资回收期为 3 年。

3) 高精度模拟与油藏井筒地面一体化将成为今后研究热点

为了模拟 Cantarell 油田水平井、多分支井流体流动动态,提高精细模型的数值模拟速度,实现对油水界面运移和近井地带水窜的模拟,利用 INTERSECT 模拟器在数百万节点网格模型上进行数值模拟测试和评价,运算速度提高了 17 倍,能详细描述近井地带气、水锥进,为进一步提高油田开发效果奠定了基础。

针对水窜、气窜导致的高产水、产气问题,Cantarell 油田开展了油水界面探测研究,以便及时掌握早期水、气突破的原因。Cantarell 油田氮气驱中导致水、气突破的原因是气顶运动、锥进、窜流通道和黏性指进。为改善生产预测方法,减少地面压缩机和水的管理费用,开展油藏、井筒、地面管线一体化模拟研究,整合油藏模拟、井、地面管线网络模型,评价多节点效率及经济因素,形成开发方案,可以使生产增效达 30%。

1.2　国内注气技术现状与发展趋势

1.2.1　缝洞型油藏注氮气技术现状

塔河油田缝洞型碳酸盐岩油藏具有非均质性强、原油性质差异大、流体流动规律复杂等特点,加之经历了衰竭式开采、人工注水开采,井间剩余油动用难度较大,单元氮气驱作用机理不明确,不同原油性质的油藏是否都能利用氮气提高采收率仍不明确,二氧化碳、二氧化碳与氮气复合气对缝洞型油藏采收率的提高需进行详细研究,对缝洞型油藏油、气、水三相流动规律的认识还存在盲区。围绕这一系列问题,"十二五""十三五"通过组织科研团队集中攻关,在创新实验方法基础上,首次系统揭示了缝洞型油藏注气提高采收率的作用机理,明确了氮气非混相重力驱是注气提高采收率的主要作用机理,提出了扩大波及体积是缝洞型油藏提高采收率的关键,发展了缝洞型油藏气驱波及理论,形成了缝洞型油藏气驱前缘、气窜时间、注气量、采油量等油藏工程计算方法,明确了注气提高采收率的主攻方向。同时,形成的油藏工程计算方法为实现缝洞型油藏注气调整、效果评价、气窜预警提供了理论保障,对示范区建设及提高采收率目标实现形成了有力的支撑,建成国内首个注氮气规模超 3×10^8 m³ 的注采示范基地,支撑了塔河油田老区稳产上产。

1) 系统揭示缝洞型油藏注气提高采收率作用机理

(1) 创建了基于 3D 打印的物模实验技术,揭示了油、气、水三相流动规律。

依据动力、运动、几何相似准则,制作了可视化、可重复、可量化的三维缝洞结构,裂缝打印尺度为 0.1~0.016 mm,构建的物理模型更逼近实际油藏,为物理模拟实验奠定了基础。基于粒子成像技术(particle image velocimetry,PIV),揭示了注氮气过程中油、气、水三相流场的变化,气油/气水界面清晰,气液重力分异明显,无混合流动区;综合油藏工程与数值模拟,明确了油藏非均质程度越大,波及体积越小。

(2) 明确了氮气非混相重力驱是注气提高采收率的主要作用机理。

通过不同油品、不同气体细管实验,明确了油藏条件下氮气与轻质油、稠油均不能混相,注氮气属于非混相驱替,二氧化碳比例大于 50% 的氮气+二氧化碳复合气才可以与轻质油发生混相。结合物理模拟实验,揭示了注入氮气优先在储集体顶部形成人工气顶,重力驱替是主要驱替方式。此外,首次揭示了油藏条件下氮气与原油具有一定的传质和抽提作用,该作用较常规砂岩油藏高 1~2 个数量级。氮气对原油轻质组分的抽提作用致使气驱前缘原油密度降低,采出原油越采越稀,而气驱后剩余油密度则增大,流动性变差,需要转换开发方式。

(3) 提出了扩大波及体积是缝洞型油藏提高采收率的关键。

对于以溶洞为主要储集空间的缝洞型油藏,毛管力可以忽略,注气驱油效率高,已经达到极值,因此波及系数是缝洞型提高采收率的核心。与水驱相比,注气可启动 0.2 mm 缝洞体内的剩余油,波及范围更广。

(4) 发展了缝洞型油藏气驱波及理论,明确了均衡驱替是扩大波及体积的重要手段。

缝洞型油藏氮气驱气窜快,以拟相渗反演为基础,结合 B-L 驱油理论,建立了不同时间气驱前缘位置方程,量化了气驱前缘突破时间。首次提出重力准数和驱替准数,实现了缝洞型油藏气驱过程中重力与垂向/水平驱替压差的定量表征;明确了增大驱替体系密度差可加快气液纵向分异,降低驱替相速度可扩大波及体积。

2) 创新形成缝洞型油藏注气数值模拟技术

(1) 提出了基于 Gibbs 自由能方法的相平衡计算方法。

基于相态大数据,建立了相态平衡计算替代模型,实现了分储集体空间类型油、气、水三相平衡计算,实现了考虑原油不同组成的影响平衡常数法和考虑三相相平衡计算的闪蒸计算法,解决了缝洞型油藏不同尺度储集体注气混相模拟难题。

(2)创建了多因素影响下的注气流动数学模型。

考虑缝洞型油藏注气过程中洞穴流、大裂缝高速非达西流、小尺度缝洞达西流,结合注气吸附、沉淀、扩散、弥散等作用,建立了缝洞型油藏非混相数学模型和混相数学模型,实现了缝洞型油藏油、气、水流动表征。

(3)建立了注气数值模型及求解方法。

采用有限体积法对数学模型进行空间离散,通过全隐式方法设计了 5 种线性方程组并进行求解,研究了程序主变量和相态转换方法,确定了计算模型的简化方法,优化了数值求解算法,并确定了针对大型溶洞的特殊模拟方法,形成了注气数值模拟技术,在此基础上发展了注气数值模型及并行计算方法,模拟计算速度提高了 3.5 倍。

(4)研发了具有自主知识产权的缝洞型油藏注气数值模拟软件平台。

在 Karstsim 模拟软件的基础上,嵌入相平衡计算程序,优化了数值求解算法及程序,编写了注气数值模拟程序,研发了前后处理平台,为缝洞型油藏注气开发提供了强有力的分析工具。该平台具有注气多相多组分流动模拟、气窜精细表征、剩余油分类量化统计三大特色,计算结果与实验吻合率达 91%,实际缝洞单元一次拟合率为 81%。

3)首次建立缝洞型油藏氮气驱技术政策

(1)建立了缝洞型油藏氮气驱井网构建原则。

从油藏缝洞体结构特征与注气驱油机理考虑,以扩大氮气驱波及体积为目的,建立了缝洞型油藏氮气驱井网构建原则:首先是高注低采、逐级动用,发挥氮气立体驱替作用;其次是一注多采、最大控制,扩大氮气驱的有效波及体积;最后是洞注洞(缝)采、快速动用,发挥氮气的重力驱作用,为矿场构建氮气驱井网提供理论依据。

(2)创新形成了缝洞型油藏气水协同驱方式。

针对缝洞型油藏注氮气开发特征,明确气水协同驱的应用条件为油藏中—低能量、避免大断裂、历经稳定水驱、具有数值模型,建立了常规协同、栅状协同、换向协同、调剖协同 4 种协同方式,形成了 2 种缝洞型油藏气水协同驱参数优化方法,解决了有模型与无模型参数设计问题,丰富了缝洞型油藏注氮气方式。

(3)形成了缝洞型油藏注气量/采油量油藏工程设计方法。

以形成最优注气量为约束条件,基于井组动态储量、平面波及系数、纵向动用程度与注气体积比的综合评价,建立了氮气驱注气量计算公式。同时,考虑未充填溶洞、溶蚀孔洞、大尺度裂缝 3 类不同储集体及流动特征,建立了气顶形态模型,以不气窜为约束条件,建立了缝洞型油藏氮气驱临界产量计算公式及图版,发展了缝洞型油藏氮气驱油藏工程设计方法,实现了注采参数的快速设计。

(4)建立了缝洞型油藏氮气驱政策界限。

针对风化壳、古暗河、断溶体 3 类油藏的典型单元,基于风化壳油藏"快速+周期注气"、古暗河油藏"高+交替注气"、断溶体油藏"慢+少注"等政策原则,明确了累积注气量、周期注气量、注气速度、注气周期四参数的设计界限,为缝洞型油藏氮气驱参数动态设计提供了依据,使得注气有效率提升至 91.3%。

（5）创新形成了缝洞型油藏气窜预警技术。

在矿场单元氮气驱气窜特征分析的基础上，明确了套压和气油比指标对气窜最为敏感，根据不同阶段指标的变化建立了缝洞型油藏气窜预警图版，实现了风化壳、古暗河、断溶体 3 类油藏的气窜预警，预警有效率达 92％。

（6）研发形成了缝洞型油藏注氮气效果综合评价技术。

根据缝洞型油藏单元氮气驱开发特征，优选了波及系数、动用储量、换油率与动用程度 4 个特色指标，并与常规指标组成缝洞型油藏注氮气评价指标体系，研发了效果评价指标计算方法及界限划分，建立了缝洞型油藏氮气驱效果评价标准（将注氮气效果分为 3 个级别），并配套相应软件平台，实现了快速智能动态评价，指导了注气调整对策的编制，解决了主观评价时效低、评价依据不统一、评价结论无衍生应用等问题。

4）储备了缝洞型油藏泡沫辅助氮气驱技术

（1）明确了缝洞型油藏泡沫辅助氮气驱的主要作用。

通过构建缝洞型油藏物理模型，开展了相关驱替实验，明确了缝洞型油藏 3 种典型气窜类型分别是储集体内部气窜、储集体间气窜、裂缝型气窜。同时，实施泡沫驱具有降界面张力、扩大波及、增加相流度比、均衡驱替、封旧路辟新道等主要作用，最终改变氮气在油藏内的运移路径，提高气驱波及体积。

（2）研制出了适合缝洞型油藏条件的泡沫药剂体系。

针对缝洞型油藏注氮气开发的特殊性，成功研制了适合高温高盐含油的微分散凝胶强化泡沫体系，其配方是起泡剂（0.15％α-A＋0.15％S-16）＋淀粉凝胶稳泡剂（3％～4％）。该体系具有耐温 160 ℃、耐盐 25×10^4 mg/L、耐油 50％、不聚并消泡、自修复功能等特点。与常规泡沫相比，微分散凝胶强化泡沫析液半衰期由 11 min 提升至 450 min，地面一次发泡不需剪切再生，堆积能力比普通泡沫提升了 400 倍。

（3）优化制定了 3 个泡沫辅助氮气驱油藏设计关键参数。

通过多井缝洞单元泡沫辅助氮气驱实验研究，优化设计了凝胶泡沫关键工程参数，其中注入泡沫量大（动用储量的 4/5）、注入泡沫时间早、小段塞多轮次的泡沫注入方式最有利于控制气窜，扩大波及范围。

（4）配套了满足地面一次发泡的制注一体化工艺。

研发了地面高压发泡装置，简化了工艺流程，形成了"配-运-注"一体化缝洞型油藏矿场凝胶泡沫辅助氮气驱配套工艺，实现了地面两级发泡、集成数控与同步混输，有效解决了泡沫粒径不可控、油井无法连续作业、罐多/线长/面广等问题，为顺利开展先导试验奠定了基础。

（5）首次针对缝洞型油藏开展了泡沫辅助氮气驱中试，并取得突破。

该技术首次在塔河油田缝洞型油藏试验 6 井次，取得了增加受效关系、动用新层段的效果，试验有效率达 83％，验证了泡沫辅助氮气驱在矿场中的提高采收率效果，实现了科研成果转化，为缝洞型油藏氮气驱气窜储备了新技术。

研发的缝洞型油藏注气参数设计、气窜预警、效果评价、泡沫辅助氮气驱等技术，构建了缝洞型油藏注气提高采收率技术系列。按照"理论—实践—完善—再实践"的原则，研究取得的成果与形成的技术系列已在塔河油田缝洞型油藏注气示范区进行了试验与推广，取得了较好的应用效果。其中,缝洞型油藏注气数值模拟技术、注氮气技术政策与注气效果综合评价技术有效指导了注氮气提高采收率油藏实施方案编制,矿场应用有效率达 91.3%;攻关的缝洞型油藏泡沫辅助气驱技术在矿场开展先导试验 6 井次,有效率达 83.3%;全面支撑了示范工程,首次建成国内首个年注氮气规模超过 $1×10^8$ m^3 的缝洞型油藏注氮气提高采收率示范区,实施后油藏采收率提高了 1.2 个百分点,注氮气吨油成本由 1 400 元/t 降至 650 元/t,推进了缝洞型油藏注氮气提高采收率示范区建设,夯实了缝洞型油藏控递减工程与油田高质量发展的基础。

1.2.2　塔河油田注氮气开发现状

注氮气提高采收率技术作为碳酸盐岩缝洞型油藏主导技术,实现了缝洞型油藏提高采收率技术领域的一大跨越,同时也支撑了塔河油田老区促上产与降递减两大工程建设,贡献了西北油田分公司 12% 的原油产量,年均降低递减率 3～5 个百分点,累计提高采收率 2.3 个百分点。截至 2021 年底,塔河油田碳酸盐岩缝洞型油藏注氮气开发已有 10 年,历经单井注氮气先导试验、单井注氮气推广、单元氮气驱先导试验、注氮气效益提升 4 个阶段,成功推动了缝洞型油藏注氮气提高采收率技术从探索研究走向矿场应用。

1) 单井注氮气先导试验阶段(2012 年)

塔河油田缝洞型油藏随着注水规模的扩大与注水轮次的增加,水驱效果变差,水窜矛盾突出,低/无效注水占比大。油藏研究人员经过充分的室内实验与油藏分析论证认识到,注氮气可有效解决残丘剩余油动用难题。2012 年,缝洞型油藏注氮气技术首次由室内研究转至矿场试验,TK404 井作为首口单井注氮气先导试验井,具有明显的井周残丘剩余油特征。2012 年 4 月 9 日—4 月 17 日,TK404 井完成首轮次注氮气施工,阶段注入液氮 729 m^3,折算标准状况下氮气 $50×10^4$ m^3,焖井 10 d 后开井生产,原油产量最高恢复至 50 t/d,累计增油 2 659 t,地下方气换油率达到 1.6 t/m^3,取得了较好的增油效果。单井注氮气先导试验的成功证实了注氮气技术在塔河油田缝洞型油藏的可行性,同时也坚定了通过注氮气实现二次动用的信心,对塔河油田缝洞型油藏注氮气稳产技术的形成与发展具有里程碑意义。

在 TK404 井先导试验效果分析与总结的基础上,油藏开发聚焦水驱后井周剩余油动用难题,优选残丘型、底水未波及型、水平井上部型和裂缝型等 7 口剩余油富集低效采油井,按照"整体部署、分批实施、边研究、边实践、边评价、边完善"的思路,扩大了单井注氮气试验,单井平均增产原油 1 230 t,试验实施有效率达 100%,方气换油率达 0.82 t/m^3,扩大试验整体效果较好。

截至 2012 年 12 月,塔河油田缝洞型油藏开展单井注氮气试验 8 口井全部有效。扩大试验的突破为推广单井注氮气技术提供了基础数据,同时也拉开了塔河油田缝洞型油藏注氮气开发的序幕。

2) 单井注氮气推广阶段(2013 年)

聚焦缝洞型油藏单井注氮气技术推广,科研人员通过全面总结与持续攻关,在缝洞型油藏单井注氮气油藏选井技术、基于储量规模与注采参数的单井注氮气参数设计、气水混注工艺技术等方面取得了实质性突破,建立了注氮气选井标准、注采参数优化和气水混注压力预测图版,进一步落实了塔河油田缝洞型油藏单井注氮气的资源潜力,为全面推广单井注氮气技术的应用与快速扩大单井注氮气规模奠定了基础。

截至 2013 年 12 月,单井注氮气技术累计在塔河油田缝洞型油藏应用 100 口井,累计控制地质储量 $1\ 698\times10^4$ t,注入氮气 $6\ 173\times10^4$ m^3,增产原油 8×10^4 t,方气换油率 0.38 t/m^3,增加可采储量 64×10^4 t,采收率提高 3.77 个百分点。单井注氮气技术整体上取得了较好的应用效果,成为缝洞型油藏单井注水后二次开发的成熟技术,在同类油藏中具有较好的应用前景。

3) 单元氮气驱先导试验阶段(2014—2015 年)

针对塔河油田缝洞型油藏单元水驱后期井间高部位剩余油动用难题,在总结单井注氮气成功经验基础上,进行了缝洞型油藏物理模拟、高温高压气驱效率分析与油藏剩余油潜力评价,首次提出了通过"高注低采"注氮气建立人工气顶,重力置换动用水驱无法波及剩余油的开发模式。2014 年 2 月,科研人员完成了中国石化重大先导试验方案——塔河四区缝洞型油藏注氮气提高采收率先导试验方案——的编制。该方案于 2014 年 3 月正式实施,TK425CH 井、TK411 井、T402 井相继转为单元注氮气井,平均单井日注氮气 5×10^4 m^3,周期注氮气 430×10^4 m^3,8 口井建立了注采响应关系,日增油 115 t,预计通过实施单元氮气驱可增加可采储量 35×10^4 t。

单元氮气驱先导试验取得了较好的效果,为扩大试验获取了翔实的基础数据。在总结分析重大先导试验效果的基础上,科研人员加强了缝洞型油藏单元氮气驱提高采收率机理研究,全面揭示了注氮气具有气顶驱、增能膨胀、抑制底水、改变流场等多种作用,可大幅提高缝洞型油藏采收率,具有继续试验的潜力。随后优选了风化壳油藏、古暗河油藏、断溶体油藏以及复合岩溶油藏 37 个水驱失效或水窜单元扩大氮气驱试验,论证该项技术的应用潜力,通过转注 46 口井建立 64 口注采受效井,整体上取得了较好的增油效果。

到单元氮气驱先导试验阶段末期,该技术累计试验 49 口井,控制地质储量 $7\ 170\times10^4$ t,注入氮气 1.56×10^8 m^3,增产原油 19.5×10^4 t,方气换油率 0.55 t/m^3,2015 年增产原油 15.8×10^4 t。与此同时,单井注氮气技术应用规模也在持续扩大,截至 2015 年 12 月,该项技术累计应用 282 口井,控制地质储量 $5\ 786\times10^4$ t,注氮气总量 2.6×10^8 m^3,增产原油 74.6×10^4 t,方气换油率提升至 0.87 t/m^3,2015 年增产原油 36.2×10^4 t。

4) 注氮气效益提升阶段(2016—2020 年)

随着塔河油田缝洞型油藏注氮气规模的快速扩大,低效注气、无效注气、注气气窜等矛盾逐渐显现。在总结分析前期注氮气效果的基础上,科研团队加强了油藏工程一体化的结合,通过针对性优化注氮气潜力对象、定量开展注氮气油藏工程设计、系统评价注氮气开发效果与探索实施"注氮气+"增效技术,有效提升了缝洞型油藏注氮气实施有效率与增油效果,为持续推进缝洞型油藏注氮气工作提供了技术保障。

截至 2020 年 12 月,塔河油田缝洞型油藏累计 779 口井应用了注氮气提高采收率技术(图 1-2-1),控制地质储量 3.5×10^8 t,提高油藏采收率 2.3 个百分点,增产原油 444.6×10^4 t,

方气换油率 0.80 t/m³。其中,2020 年新增单井注氮气井 58 口,单元注氮气井 22 口,年注氮气 3.4×10^8 m³,增产原油再创新高,达到 85×10^4 t。

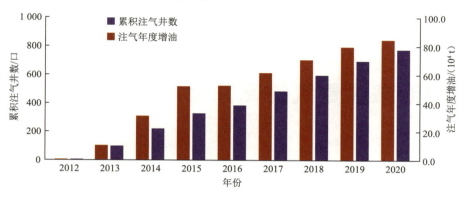

图 1-2-1　塔河油田缝洞型油藏注氮气综合开发曲线

第2章
缝洞型油藏注氮气提高采收率机理

在总结塔河油田缝洞型油藏矿场注氮气效果的基础上,结合缝洞型油藏类型、储层发育与开发规律,通过优选典型井油样开展复配,系统开展了缝洞型油藏注氮气提高采收率机理实验研究;通过模拟对比油藏条件下注氮气后油藏流体相态特征、物性变化以及驱油效率,系统揭示了塔河油田缝洞型油藏注氮气提高采收率作用机理,包括非混相驱替、传质扩散、抽提、改变流场、抑制底水、气水协同等。

2.1 氮气基本性质

2.1.1 物理性质

在常温常压条件下,氮气是一种无色、无味、无臭的气体,其临界温度为 $-147\ ℃$,密度比空气小,且不可燃,被公认为一种窒息性惰性气体。氮气是空气的主要成分之一,大气中约有 $4\,000\times10^{12}$ t,其体积分数占大气总量的 78.08%。氮气微溶于水和酒精,常温常压下单位体积的水仅能溶解 0.02 体积的氮气。氮气难以被液化,在标准大气压下,氮气冷却至 $-195.8\ ℃$(沸点)时才会变成无色的液体,冷却至 $-209.8\ ℃$(熔点)时液态氮才变成雪状固体。

2.1.2 化学性质

氮气的化学性质极不活泼,常温条件下很难与其他物质发生化学反应,性质十分稳定,正价的氮呈酸性,负价的氮呈碱性。氮分子是已知双原子分子中最稳定的物质,其分子中的三键键能很大,以至于加热到 $3\,000\ ℃$ 时仅有 0.1% 离解。因此,只有在高温高压且有催化剂存在的条件下,氮气才可以与氢气或其他物质发生化学反应。

2.1.3 氮气应用

氮气特殊的物理与化学性质决定其在石油工业、化学工业、电子工业、食品工业、金属冶炼及加工业等领域有着广泛的用途。尤其对石油工业来说,氮气作为一种经济高效的注入介质,在油田开发各个阶段均已得到规模化的推广与应用。

氮气在油田中的应用较为广泛,可用于稠油、低渗透油藏以及缝洞型油藏提高采收率、钻完井、井下作业等,具有明显的综合效益。

1) 提高采收率

由于氮气与油、水互不相溶,而且来源广,因此它是油藏非混相驱替提高采收率的重要气源。在油藏开发过程中,通过油井向地层注入氮气不但可以恢复或保持油藏压力,还可以大幅提高油藏采收率,尤其对于需要实施非混相驱开发的缝洞型油藏。矿场实践证明,氮气是一种高效的驱油介质。

2) 钻完井

在钻井过程中,用氮气取代空气钻井可消除火灾和爆炸的危险,同时混气液或泡沫液密度较低,可减轻钻头载荷,提高钻头的穿透力和钻井速度,且完钻的井壁和油层都比较干净,对返出钻屑样品的分析也更快。

对于完井作业,油管传输负压射孔是目前常用的完井方法。采用氮气负压射孔较好,因为气柱调节射孔负压选值范围更宽,射孔后通过调节氮气放空速度可控制诱喷负压。氮气具有稳定性,可避免与地层流体接触产生的危害。固井中的减轻剂为氮气,它以细小的、高度分散的稳定气泡形式存在,使浆体具有可压缩性,水泥套管与地层间的胶结更为紧密,从而极大地改变界面胶结质量。美国、苏联等对这一技术的应用较为成熟。

3) 井下作业

酸化、压裂、水力喷孔、水力封隔器坐封等井下作业也会用到氮气。不论是新井还是老井,如果油藏采出程度太低,一般需要注入表面活性剂和酸来提高油层的渗透率。高压氮气是表面活化剂注入地下的理想载体,它可以替代钻井液而减小静压。同时,用氮气来清洁油井对油井的损坏很小或根本没有损坏,还可提高油井产量并延长油井寿命。另外,氮气气举在修井中是一种非常有效的排液手段。

2.2 非混相驱特征

气驱是提高原油采收率的重要方法之一,在世界范围内已经得到广泛的应用。其基本原理是降低多孔介质中油、气间的界面张力,降低原油黏度,提高微观驱油效率,从而达到提高原油采收率的目的。确定气驱最低混相压力(minimum miscibility pressure,简称MMP)是开展气驱机理研究工作的重要内容。MMP是地层流体与注入气能否达到混相的关键指标,是优选气驱方式的重要依据。目前确定 MMP 的方法主要有实验测定法、数值模拟法和经验公式法等。细管实验是研究油藏注气混相条件的重要手段,目前已成为国际上公认的测定气驱最低混相压力的通用方法(SY/T 6573—2016)。

2.2.1　实验装置

细管实验流程如图 2-2-1 所示。该流程主要由注入系统、细管模型、回压调节器、压力监测系统、温度控制系统、产出油/气计量系统组成。

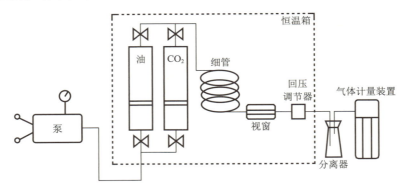

图 2-2-1　细管实验流程示意图

细管实验的主体是放置在恒温箱中的一根内部装填石英砂或玻璃珠的耐高温耐高压不锈钢盘管,即细管模型。在高温高压条件下,注入气驱替细管模型中的地层原油,在过渡带注入气与地层原油之间发生组分交换;在合适的压力条件下,注入气与原油多次接触,动态混相,这一过程与油层中发生的气驱油过程相似,从而可以确定最低混相压力。

该混相系统的最大工作压力为 80 MPa,最高工作温度为 180 ℃。

本实验共制作了 10 根长细管,实物及实验装置如图 2-2-2 所示。

图 2-2-2　长细管及实验装置图

本实验从塔河油田缝洞型油藏中选取了 4 种油样(图 2-2-3),油品物性参数见表 2-2-1。

图 2-2-3　塔河油田 4 种原油样品

表 2-2-1　塔河油田 4 种原油样品物性参数

井　名	实验温度 /℃	原油黏度 /(mPa·s)	地层压力 /MPa	气油比 /(m³·m⁻³)	饱和压力 /MPa
TP15	141.2	0.836	68.80	78.19	13.90
S117	141.4	1.420	66.15	185.00	26.63
TK648	122.0	111.185	59.54	55.66	13.66
TH12559	148.0	26.000	68.90	17.00	5.39

2.2.2　实验步骤

细管实验步骤如下:

1) 清洗细管模型

每次驱替实验前先将细管模型恒温至实验温度(即各目标区块的地层温度),并用溶剂将细管模型清洗干净,然后用高压氮气吹净细管模型中的溶剂,最后对细管模型抽真空 12 h 以上。

2) 测定细管模型孔隙体积

将细管模型清洗干净并抽真空后,通过回压调节器将细管出口端的压力设置为实验压力,保持该压力并用驱替泵注入溶剂,待压力充分稳定后,计量注入的溶剂体积,校正后即可得到实验温度和给定实验压力下的细管模型总孔隙体积。

3) 饱和地层原油

将高压氮气充满整个细管模型,并恒定到实验温度,通过回压调节器将细管出口端的压力设置为实验所需压力(必须高于原油样品饱和压力)。保持实验压力,注入地层原油样品,驱替细管模型中的高压氮气,当地层原油样品注入量达到 1.8 倍细管模型孔隙体积后,每隔 0.1～0.2 倍孔隙体积,在细管模型出口端测量产出的油、气体积,并取油、气样分析其组成。当产出样品的组成、气油比均与地层原油样品一致时,表示地层原油饱和完成。

4）进行驱替实验

在实验温度和预定的驱替压力下，以不高于 15 cm³/h 的速度恒速注气驱替细管模型中的地层原油。每注入一定量的气体，收集计量产出的油、气体积，记录泵读数、注入压力和回压，并通过高压观察窗观察流体相态和颜色变化。当累积注入 1.2 倍细管模型孔隙体积的气体后，停止驱替。

确定每个目标区块气驱油的最低混相压力。需要在地层原油饱和压力以上选择 6 个实验压力分别进行 6 次驱替实验，其中混相和非混相各 3 个实验压力。

2.2.3　实验结果分析

由细管实验得出，油藏条件下氮气对轻质油、稠油、超稠油的驱油效率均小于 90%，如图 2-2-4 所示。因此，氮气与塔河油田缝洞型油藏轻质油、稠油、超稠油等不同油样均不能达到混相，塔河油田缝洞型油藏注氮气开发属于非混相驱替。

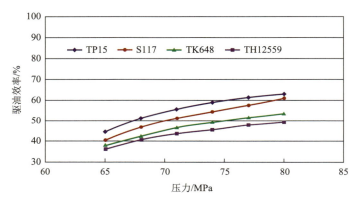

图 2-2-4　塔河油田缝洞型油藏 4 种油样细管实验结果

2.3　传质扩散作用

扩散系数是计算物质通量和浓度剖面的重要参数。通过量化注入气与地层流体的流动及浓度变化可以系统评价注入气对原油性质的影响程度，如黏度降低、体积膨胀、饱和压力改变等。在前人研究方法的基础上，测量了塔河油田缝洞型碳酸盐岩油藏条件下氮气的扩散系数，分析了该类型油藏储层流体物性和填充介质物性对扩散系数的影响，进而深化对缝洞型油藏注气提高采收率机理的认识，为现场注气优化提供参考。

2.3.1　实验装置及材料

气体-原油扩散实验装置主要由注入泵系统、高温高压活塞中间容器、高温高压耐腐蚀气体缓冲罐、高温高压密封反应釜、温控系统、高精度压力传感器等组成，如图 2-3-1 所示。

3 种高温高压容器均能满足最高温度 150 ℃、最高压力 70 MPa 的要求,其密封均采用耐腐蚀的增强石墨自密封环结构,增强了装置的密封性,降低了实验过程中气体泄漏导致的压力异常。

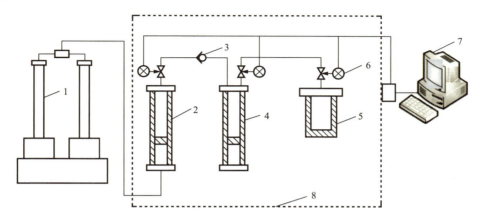

图 2-3-1　气体-原油扩散实验装置图

1—ISCO(100DX)恒速恒压泵;2—高温高压活塞中间容器;3—单向阀;4—高温高压耐腐蚀气体缓冲罐;
5—高温高压密封反应釜;6—高精度压力传感器;7—压力数据处理系统;8—HW-Ⅲ型自控恒温箱

实验用油:塔河油田缝洞型油藏地层原油,其中稀油油样在 140 ℃(地层温度)下黏度为 1.42 mPa·s,密度为 0.642 g/cm³;稠油油样在 122 ℃(地层温度)下黏度为 111.2 mPa·s,密度为 0.964 3 g/cm³。

实验用水:与原油相同生产井组的产出水。

实验用气:高纯氮气,纯度为 99.999%。

2.3.2　实验步骤

气体-原油扩散实验步骤如下:

(1)检测装置气密性。采用石油醚清洗高温高压活塞中间容器、高温高压耐腐蚀气体缓冲罐和高温高压密封反应釜,并烘干;按照实验流程图将实验设备连接在一起,打开所有阀门,向连通的容器中注入一定压力(一般为 10 MPa)的高纯氮气,通过计算机显示器观察对应测压点的压力变化,若 3 h 内压力稳定不变,则表明中间容器和管线密封性良好。

(2)分两种情况进行实验操作。第一种情况:测定气体在纯液相中的扩散系数时,直接量取 200 mL 原油并转移至高温高压密封反应釜中,打开所有阀门,对整个系统抽真空 2 h;开启自控恒温箱,设定实验温度为 120 ℃,待温度达到实验温度后,稳定 2～4 h。第二种情况:测定气体在多孔介质中的扩散系数时,将压制好的填充介质模型放入岩芯夹持器,抽真空后饱和地层水,计算孔隙体积,注入实验用油,建立初始含油饱和度(测定 3 组,含油饱和度分别为 72%,50% 和 0%),并老化 24 h;老化后用环氧树脂密封充填模型端面,放入高温高压密封反应釜中,对整个系统抽真空 2 h,开启自控恒温箱,设定实验温度为常温,稳定 4 h 以上。

15

(3)采用增压泵将目标气体注入高温高压活塞中间容器,将高温高压耐腐蚀气体缓冲罐注入端压力加压至实验所需压力,待压力稳定后,快速打开中间容器的连接阀门,当连接中间容器的压力传感器达到实验压力时立即关闭注入端的压力控制阀,气相体积为 100 mL。

(4)利用压力传感器和温度传感器记录实验数据,记录时间间隔 0.5～10 min 不等。当扩散一定时间后,如果 3 h 内压力的变化小于 5 kPa,则认为扩散已经达到平衡,停止扩散实验。

(5)用石油醚和氮气清洗实验设备,按照步骤(1)～(4)进行下一组实验。

2.3.3 实验结果分析

1)氮气在原油中的扩散特征

随着压力的不断升高,单位体积内氮气分子增多,氮气在塔河油田油样中的扩散系数增加,促使氮气向原油中扩散。相同条件下,氮气在稀油中的扩散系数高于稠油一个数量级,即氮气更易在稀油中溶解并达到扩散平衡。与此同时,不同黏度原油中氮气的扩散系数对压力的敏感性不同,随着压力由 20 MPa 升至 50 MPa,氮气在稠油中的扩散系数增大6倍,而在稀油中则仅增大 30%,即稠油对扩散系数的压力敏感性高于稀油。造成扩散系数差异的主要原因在于氮气与稀油的表面张力低于与稠油的表面张力,故氮气更容易进入稀油中,扩散系数较高。

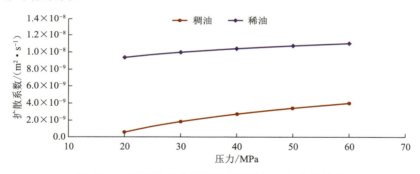

图 2-3-2　不同油样中氮气扩散系数与压力变化关系

根据不同原油黏度与氮气扩散系数的实验分析可知,矿场注氮气过程中,应结合油藏原油物性特征对注气参数进行优化以得到最佳注气效果:对于稀油油藏,应保持相对稳定的注入压力,保持氮气稳定扩散进入油相;对于稠油油藏,为使氮气溶解、降黏等改善原油流动性的效果达到最佳,应适当提高注入压力,促进氮气在稠油中的扩散。

2)氮气在充填介质中的扩散特征

研究表明,岩溶缝洞是缝洞型油藏的主要空间,但 70% 以上的空间被地下河沉积砂泥和洞穴垮塌角砾等物质充填。在实际注气过程中,除了与缝洞体内未填充的地层流体接触之外,大部分注入气通过扩散作用进入填充介质的流体中。因此,注入气在缝洞型油藏填充介质中的扩散特征有助于分析注气开发效果。

根据不同缝洞储集体内填充介质物性统计结果,划分了 3 种缝洞单元储集体内部基本的填充类型:垮塌型填充(孔隙度 16%～18%,渗透率 500×10⁻³～1 000×10⁻³ μm²)、砂泥型填充(孔隙度 12%～16%,渗透率 50×10⁻³～100×10⁻³ μm²)和致密型填充(孔隙度小于 10%,渗透率小于 10×10⁻³ μm²)。根据划分的填充介质类型,制作了物性与之相对应的填充模型(表 2-3-1)并进行了氮气扩散系数测量。

表 2-3-1　缝洞型油藏填充物参数及分类

填充类型	孔隙度/%	渗透率/(10^{-3} μm²)	迂曲度	孔隙中值半径/μm
垮塌型	16.49	652	3.43	6.09
砂泥型	14.70	72	3.79	2.37
致密型	9.52	9.67	5.64	1.61

从氮气在不同填充介质中的扩散无因次压力变化(图 2-3-3)可以看出,扩散初期压力变化与填充介质的致密程度无关,主要是因为氮气首先进入填充介质表面的原油中,然后进入填充介质内部的孔隙中。随扩散时间的增加,填充介质对注入气压力变化的影响效果逐渐明显,但氮气在致密型填充介质中的扩散系数随压力下降逐渐减小,而在砂泥型和垮塌型填充介质中扩散系数降幅更为明显。

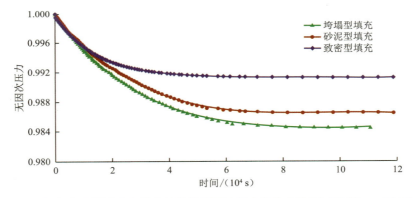

图 2-3-3　氮气在不同填充介质中的扩散无因次压力变化曲线($T=120$ ℃,$p\approx50$ MPa)

氮气在缝洞型填充介质中扩散压力的降幅特点为小幅缓慢下降,填充介质的存在降低了氮气在油藏中的运移速率和在原油中的溶解量。同时,填充介质物性对氮气的扩散特征影响明显,氮气在饱和原油的致密型填充介质中的压力降幅为 0.436 7 MPa,压降百分比为 0.872 3%;在砂泥型填充介质中的压力降幅为 0.674 19 MPa,压降百分比为 1.347 0%;在垮塌型填充介质中的压力降幅为 0.775 84 MPa,压降百分比为 1.548 7%。因此,随填充介质致密程度的增加,氮气通过扩散作用进入填充介质的能力下降。最终,氮气在垮塌型填充中的扩散系数为 $4.41×10^{-10}$ m²/s,在致密型填充介质中的扩散系数为 $5.11×10^{-11}$ m²/s,达到固体扩散系数数量级(图 2-3-4)。

根据氮气在不同填充介质中的扩散实验结果,从现场注气开发角度来看,填充介质的存在降低了氮气在缝洞型油藏中的运移速率,填充介质的不均匀导致注入气在缝洞储集体内部运移不均匀,填充介质的物性差异也会引起缝洞单元内部注入气扩散运移不均匀;从扩散角度分析,注氮气开发致密填充的缝洞单元,其效果远不及垮塌型填充或砂泥型填充。

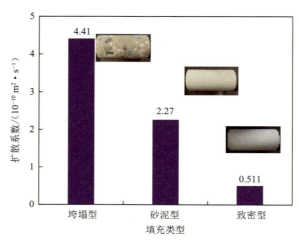

图 2-3-4　氮气在不同填充介质中的扩散系数(稀油油样,T=120 ℃,p≈50 MPa)

3) 氮气在不同含水饱和度垮塌型填充介质中的扩散特征

在相同初始压力下,氮气在垮塌型填充介质中的压力降幅由束缚水饱和度下的 0.775 8 MPa 降至纯含水饱和度下的 0.448 0 MPa,压力降幅高达 42.25%,对应的溶解量则由 $3.595×10^{-5}$ mol 降至 $2.066×10^{-5}$ mol;随含水饱和度的升高,氮气在垮塌型填充介质中的溶解性能下降。地层水的存在降低了氮气在填充介质中的溶解能力,进而导致扩散平衡压力高,具有一定的保压特性。同样,填充介质中水相的存在导致氮气的扩散系数下降,氮气在纯水相填充介质中的扩散系数为 $6.59×10^{-11}$ m²/s。

填充介质含水饱和度与氮气溶解量呈衰竭指数关系,填充介质的含水饱和度对氮气的扩散系数影响明显,如图 2-3-5 所示。在 100% 含水饱和度垮塌型填充介质中,氮气扩散系数达到固体扩散系数数量级(10^{-11} m²/s),氮气更容易在含油饱和度高的多孔介质中扩散。

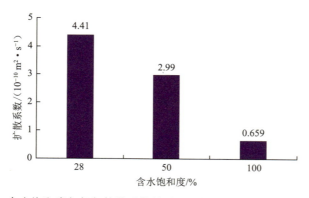

图 2-3-5　含水饱和度与氮气扩散系数关系图(稀油油样,T=120 ℃,p=50 MPa)

研究表明,氮气与原油的表面张力低于与水相的表面张力,因此在扩散过程中,氮气不易进入水相,扩散系数随含水饱和度的增加而降低,导致达到溶解平衡的压力过高,溶解量降低。现场注气时,为提高氮气的利用率,建议选择含水率较低的井作为注气吞吐井。

2.4 抽提作用

塔河油田缝洞型油藏注氮气开发实践表明,生产井发生气窜后,油品性质较注气前发生很大变化,有轻质油(密度为 0.69 g/cm³)产生,油品挥发性大;随着注气规模的不断扩大,抽提萃取后井筒产出原油黏度增加,导致井筒堵塞,对该现象产生的机理及如何防治尚不清楚。由此可见,高温高压地层中注入氮气与地层原油混合体系的相态变化不容忽视。

2.4.1 实验方法及原理

多级接触相平衡实验是模拟注入气与油藏油连续接触的动态平衡实验,是评价注入气抽提原油轻质组分效果的有效手段。多级接触实验包括向前多次接触实验和向后多级接触实验。

向前接触实验是模拟注气混相带前缘的组分变化情况,利用每次平衡后的气体与新鲜地层原油接触,直至混相或气液相组分不再随接触次数发生显著变化为止,模拟蒸发气驱过程(vaporizing drive),如图 2-4-1 所示;向后接触实验则是模拟注气混相带后缘的组分变化情况,利用每次平衡后的液相与新鲜注入气接触,直至混相或气液相组分不再随接触次数发生显著变化,模拟凝析气驱过程(condensing drive),如图 2-4-2 所示。

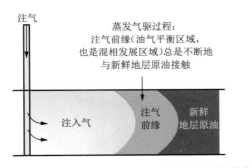
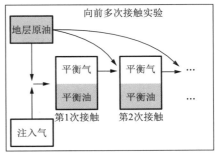

图 2-4-1 向前接触混相概念示意图(蒸发气驱过程)

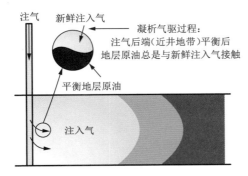
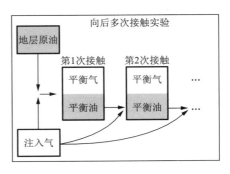

图 2-4-2 向后接触混相概念示意图(凝析气驱过程)

2.4.2　实验装置及流程

多次接触实验设备为法国 ST(Sanchez Technologies)公司生产的无汞全透明活塞式高压 PVT 装置,如图 2-4-3 所示。该装置由 PVT 容器、恒温空气浴、压力传感器、温度传感器、样品筒、高压计量泵、操作控制系统和观察记录系统组成。高压反应釜为活塞式变体积釜,其体积变化可通过计算机控制的高精度电机驱动活塞进行控制。高温高压落球式黏度计的最大工作压力为 70 MPa,最高工作温度为 180 ℃。向前多次接触实验流程如图 2-4-4 所示。

　　(a)实验装置照片　　　　　　　　　　　(b)实验装置模块

图 2-4-3　ST-PVT 实验装置图

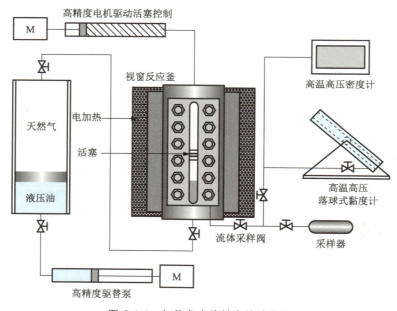

图 2-4-4　向前多次接触实验流程图

塔河油田缝洞型油藏埋藏超深,压力及温度高,油品性质平面差异大,选取 S117 井稀油和 TH12559 井普通稠油两种油样开展实验研究。油样采自井口,根据 PVT 测试结果,经室内复配为地层原油,地层原油组分见表 2-4-1。S117 井生产层段位于 6 086.69～6 098.38 m,生产气油比为 190.2 m³/m³,地层原油泡点压力约为 26.63 MPa,油藏压力为 66.15 MPa,油藏温度为 141.4 ℃,地层原油黏度为 1.42 mPa·s;TH12559 井生产层段位于 6 556.09～6 598.00 m,生产气油比为 17 m³/m³,地层原油泡点压力在 5.41～6.26 MPa 之间(由邻井 PVT 报告估算),油藏压力和温度分别为 69 MPa 和 148 ℃,地层原油黏度为 26 mPa·s。

表 2-4-1　实验用地层原油组分

组　分	S117 稀油	TH12559 稠油	组　分	S117 稀油	TH12559 稠油
CO_2	0.004 8	0.060 0	$i\text{-}C_5$	0.012 8	0.000 1
N_2	0.015 6	0.011 1	$n\text{-}C_5$	0.013 7	0.023 1
C_1	0.521 2	0.115 3	C_6	0.022 3	0.017 2
C_2	0.046 9	0.026 8	$C_7 \sim C_{10}$	0.112 6	0.101 2
C_3	0.041 8	0.014 9	$C_{11} \sim C_{15}$	0.079 1	0.149 8
$i\text{-}C_4$	0.010 6	0.001 2	$C_{16} \sim C_{26}$	0.056 4	0.167 1
$n\text{-}C_4$	0.022 2	0.003 0	C_{27}^+	0.040 1	0.308 6

2.4.3　实验步骤

1) 向前多级接触混相实验

(1) 将无汞全透明活塞式高压 PVT 分析仪在设定的油藏地层温度(141.4 ℃或 148 ℃)下清洗干净,抽真空。

(2) 将一定量注入气注入 PVT 反应釜中,在相应的地层温度和地层压力下测试注入气体积。

(3) 按 1∶1 的气油体积比,在保持压力、温度不变的条件下将注入气体加入配制的地层原油样品中,充分搅拌平衡后,形成气油两相,测试平衡气相和油相体积。

(4) 保持设定的实验压力(66 MPa 或 69 MPa)不变,分次排出平衡油相,进行单次脱气实验,并分析测试油相的密度、黏度、组成等参数。

(5) 待油相完全排空后,PVT 反应釜中只剩平衡气相。按凝析气闪蒸实验方法排出部分平衡气相,进行闪蒸分离,分析测试气相的密度、组成等参数。

至此完成注入气与地层原油的第 1 次向前接触实验。

第 1 次向前接触实验后,PVT 反应釜中只有被富化的平衡气相,再按 1∶1 的气油体积比加入地层原油样品中,重复上述步骤进行第 2 次向前接触实验,如此重复,共进行 5 次油气向前接触,每次接触均测试平衡油、气相的体积、密度和组成等参数;或者直到 PVT 反应釜中剩余的平衡气相少到不能进行组成和其他物性分析测试时停止实验。

2) 向后多级接触混相实验步骤

(1) 将无汞全透明活塞式高压 PVT 分析仪在油藏地层温度(141.4 ℃或 148 ℃)下清

洗干净,抽真空。

（2）将一定量地层原油样品注入 PVT 反应釜中,在相应的地层温度和地层压力下测试原油体积。

（3）按 1:1 的气油体积比,在保持压力、温度不变的条件下向 PVT 反应釜中注气,充分搅拌平衡后,形成气液两相,测试平衡气相和液相体积。

（4）保持设定的实验压力(66 MPa 或 69 MPa)不变,排出平衡气相,进行凝析气闪蒸实验,分析测试气相的密度、黏度、组成等参数。

（5）待气相完全排空后,PVT 釜中只剩平衡油相,排出部分平衡油相,进行单次脱气实验,分析测试油相的密度、组成等参数。

至此完成注入气与地层原油的第 1 次向后接触实验。

第 1 次向后接触实验后,PVT 反应釜中只有平衡油相,再按 1:1 的气油体积比向 PVT 反应釜中注气。重复上述步骤进行第 2 次向后接触实验,如此共进行 5 次油气向后接触,每次接触均测试平衡油气相的体积、密度和组成等参数变化,或直到 PVT 反应釜中剩余的平衡油相少到不能进行组成和其他物性分析测试时停止实验。

2.4.4 实验结果分析

1）组分变化

图 2-4-5(a)为 100% 氮气与 TH12559 井稠油油样进行向前多次接触后平衡油相的组分变化,显示了氮气对稠油中的轻质组分($C_1 \sim C_3$)有较强的抽提效果,但抽提效果随着油气向前接触次数的增加而逐渐减弱。此外,氮气对稠油中的 $C_5 \sim C_6$ 组分仅在首次接触时显示了一定的抽提量,后续第 2 至第 5 次接触后稠油中 $C_5 \sim C_6$ 组分的变化量基本维持不变,说明后续接触中,在平衡气中饱和了一定量轻质组分的情况下,对稠油中的该类组分基本没有抽提效果。

在向前接触过程中,氮气对稠油中 C_7^+ 的重组分没有抽提作用,这主要是由油气向前接触的物理过程决定的。油气向前接触时,平衡气相总是与新鲜的地层原油进行接触,每次接触时,由于组分差异,平衡气相都能抽提一部分地层原油中的轻质组分,但平衡气相的抽提能力随着其中轻质组分的增多而渐渐衰弱,因此随着接触次数的增加,平衡油相中未能被抽提的轻质组分含量逐渐增多。此外,氮气在油相中的含量较原始地层原油有大幅上升,虽然该含量随着接触次数的增加略微下降,但整体仍然较高,氮气是平衡油相中含量最多的组分;伴随每次接触时大量氮气溶解在平衡油相中,平衡油相中各组分的摩尔分数整体上略有减小。

油气向前接触时,气相中抽提了大量的轻质组分。实际上,真实地层气驱过程中发生的相态变化往往是蒸发气驱和凝析气驱的混合作用,并非单一的凝析气驱或蒸发气驱主导。本研究中用向前多次接触物理实验近似模拟蒸发气驱过程,用向后多次接触物理实验近似模拟凝析气驱过程。在蒸发-凝析混合作用下,随着注气前缘向下游推进,注气前缘后部的地层原油中轻质组分不断流失且被注气前缘带走;注气前缘前部的新鲜地层原油和被

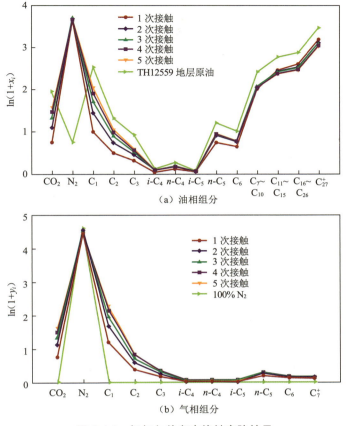

（a）油相组分

（b）气相组分

图 2-4-5　氮气向前多次接触实验结果

富化的注入气不断接触平衡,致使注气前缘中的轻质和中质组分达到饱和(对轻质组分抽提至动态平衡),使得油气两相物理性质逐渐趋同,进而实现近混相或混相状态。

2)拟三元相图

基于实验数据,绘制不同注入气与原油体系的拟三元相图,分析注入气向前接触过程中与原油体系的混相特征。

(1)向前接触与 TH12559 井稠油。

注氮气向前多次接触与 TH12559 井原油的拟三元相图如图 2-4-6 所示。拟三元相图的顶点(浅绿色)代表注入气组分,靠近底边的深绿色点为 TH12559 井地层原油组分。当注入气与地层原油第 1 次接触平衡时,形成第 1 组平衡气相和平衡油相组分(分别以红色点和蓝色点表示,并标有数字 1);平衡气相 1 继续与新鲜地层原油进行第 2 次接触混合,形成第 2 组平衡气相(标有数字 2)和平衡油相组分;平衡气相 2 继续与新鲜地层原油进行第 3 次接触混合,形成第 3 组平衡气相(标有数字 3)和平衡油相组分。重复该过程,完成 5 次油气向前接触实验。

由图 2-4-6 可以看出,虽然平衡油气组分在三元相图上向混相方向前进,但由于注入气较轻、原油太重,所以还是无法实现混相。氮气向前接触使得平衡油相中 C_7^+ 组分摩尔分数

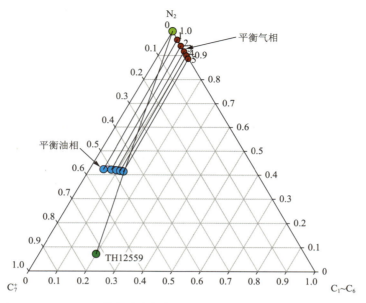

图 2-4-6　TH12559 井稠油注氮气向前多次接触实验(148 ℃,69 MPa)

减小,注入气重组分明显增加。

（2）向前接触与 S117 井稀油。

注氮气向前多次接触与 S117 井原油的拟三元相图如图 2-4-7 所示。经过 4 次油气向前接触实验,PVT 筒中平衡气消耗较大,剩余气量不满足后续向前接触实验要求,所以本组实验仅采集到 4 组有效数据。

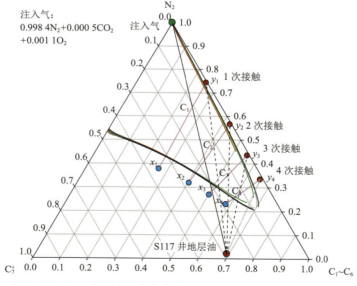

图 2-4-7　S117 井稀油注氮气向前多次接触实验(141 ℃,66 MPa)

应用 PVTSim20 软件计算得到泡点线和露点线。图 2-4-7 中气液两相区的边界有 5 条:红色边界为注入气与 S117 井原油的混合体系在该压力、温度下的两相边界;绿色边界为第 1 次接触后的平衡气相(y_1)与 S117 井原油的混合体系在该压力、温度下的两相边界;蓝色边界为第 2 次接触后的平衡气相(y_2)与 S117 井原油的混合体系在该压力、温度下的两相边界;灰色边界为第 3 次接触后的平衡气相(y_3)与 S117 井原油的混合体系在该压力、温度下的两相边界;黑色边界为第 4 次接触后的平衡气相(y_4)与 S117 井原油的混合体系在该压力、温度下的两相边界。

实验和计算显示,在当前地层的 p-T-x 条件下,注入氮气与地层原油在向前接触过程中未实现混相。

3) 抽提效果定量评价

(1) 评价方法。

为了定量评价注入气与地层原油相互作用过程中对原油中轻质组分的抽提效果,结合实验数据分析,提出以抽提指数(E)作为评价指标,其定义为:

$$E = 1 - \frac{1}{N} \sum_{i=1}^{N} \frac{y_i}{Y_i} \tag{2-4-1}$$

式中 下标 i——注入气中的第 i 组分;

N——注入气中总的组分数;

y_i——注入气中第 i 组分的摩尔分数;

Y_i——油气接触平衡后平衡气相中第 i 组分的摩尔分数(注意 Y_i 与注入气组分对应,仅考虑注入气中的组分,平衡气中有而注入气中没有的组分不考虑)。

通过计算注入气自身组分与原油平衡后的变化量,即抽提指数,实现了注入气对原油中其他轻质组分抽提效果的间接定量评价。如果组分基本没有变化,则 $y_i/Y_i \approx 1$,抽提指数 $E \approx 0$,即原油与注入气基本没有物质交换;只要有任何抽提作用发生,$y_i/Y_i \leqslant 1$ 必然成立,则抽提指数 $E \geqslant 0$。极限状况是注入气完全溶解于原油中(虽不可能发生但可用来界定抽提指数 E 的上限),气相全部为原油中的轻质组分,此时由于注入气组分在气相中的含量为零($y_i = 0$),故 $y_i/Y_i = 0$($i = 1, \cdots, N$),抽提指数上限 $E = 1$。由此可见,抽提指数 E 的取值介于 0~1 之间,且其值越大,说明注入气对油相中轻质组分的整体抽提效果越强。

(2) 评价结果。

应用式(2-4-1)计算得到多次接触实验的抽提指数,具体结果见表 2-4-2。从表中可以看出:

① 在注入气与地层原油多次接触实验中,向前接触实验的抽提指数随着接触次数的增多而增大,即富化气中的 C_1~C_4 轻质组分随着接触次数增多而增大,其抽提作用也越来越大,导致抽提指数变大;同时随着接触的进行,平衡气相组分与原始注入气产生了较大的差别。

② 氮气在向前多次接触过程中对 S117 井稀油的抽提作用明显高于对 TH12559 井稠油的抽提作用,每次接触对稀油的抽提指数是对稠油的 5 倍以上。

③ 相对于纯氮气,注入气中加入 20％的二氧化碳后对原油中轻质组分的抽提效果有所增强,但不是显著增强,抽提指数变化幅度较小。

④ 在向后接触实验中,首次接触抽提作用最大,抽提指数随着接触次数的增加逐渐减小至零,说明向后接触实验后期平衡气相组分相比注入气原始组分基本没有发生变化。向后接触抽提作用较向前接触明显偏小,可以忽略。

表 2-4-2　各实验计算得到的抽提指数结果表

注入气	原　油	实验类型	抽提指数 E				
			1 次接触	2 次接触	3 次接触	4 次接触	5 次接触
N_2	S117	向　前	0.259	0.438	0.569	0.670	—
N_2+CO_2	S117	向　前	0.286	0.547	0.675	—	—
N_2	TH12559	向　前	0.047	0.082	0.111	0.134	0.154
N_2	TH12559	向　后	0.044	0.012	0.004	0.002	0.001
N_2+CO_2	TH12559	向　后	0.061	0.016	0.004	0.001	0.001
N_2+CO_2	S117	向　后	0.288	0.084	0.020	0.005	0.001

2.5　改变流场和抑制底水作用

通过建立典型单元的数值模型,分析底水锥进和氮气驱过程中流场和底水上升形态的变化规律。结果表明,井间注氮气具有改变水驱(水窜)后形成的压力场、扩大压力波及范围、动用水驱后剩余油的作用。由 S48 单元数值模拟注气前后流线分布(图 2-5-1 和图 2-5-2)可以看出,实施氮气驱后以 T402 注气井为中心的流线较注气前密,表明氮气驱过程中单元的压力场得到重新分布,从而有效动用水驱未波及的剩余油。

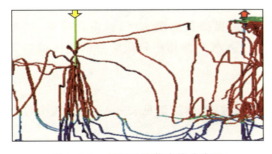 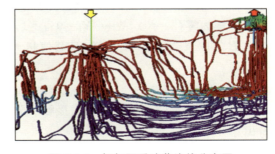

图 2-5-1　水驱后油藏流线分布图　　　　　图 2-5-2　氮气驱后油藏流线分布图

在改变油藏流场的同时,注氮气还可起到抑制底水锥进的作用。如图 2-5-3 和图 2-5-4 所示,注入氮气在形成人工气顶的过程中不但补充了油层能量,而且改变了底水上升形态,并在注氮气过程中降低了油水界面,使得远井地带的剩余油被充分动用采出。

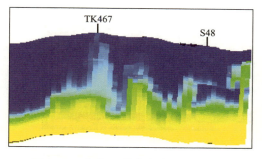

图 2-5-3　氮气驱前含水饱和度剖面图

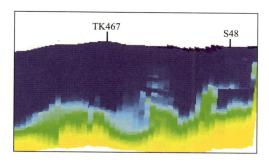

图 2-5-4　氮气驱后含水饱和度剖面图

2.6　气水协同增效作用

2.6.1　气水协同物理模拟实验研究

塔河油田缝洞型油藏 12 个气驱效果变差的井组开展了气水协同试验，11 个井组见效，增油 3.4×10^4 t。矿场实践表明，缝洞型油藏气水复合驱既能利用氮气和原油的重力分异作用驱替油藏顶部阁楼油，又能发挥水驱的作用，驱替油藏底部的井间剩余油，在二者的共同作用下达到 $1+1 > 2$ 的效果。

依据实际地质剖面，建立物理模型，研究气水协同波及规律。注入气、水在重力作用下分别向上、向下运移，形成的气顶能量与底水相互博弈，二者达到均衡时井间剩余油横向流动，达到气水协同作用效果。分别以底水 5 mL/min＋注气 10 mL/min、底水 5 mL/min＋注气 5 mL/min 和底水 5 mL/min＋注气 3 mL/min 进行驱替实验，得出如下结论：当注气压差 $\Delta p_1 >$ 底水压差 Δp_2 时，剩余油主要趋于向下移动；当 $\Delta p_1 < \Delta p_2$ 时，剩余油主要趋于向上移动；当 $\Delta p_1 = \Delta p_2$ 时，剩余油主要趋于横向移动。

在底水和注水驱替实验过后，按底水 5 mL/min＋注气 3 mL/min 进行驱替实验（图 2-6-1）时，底水能量压制注入气能量，水驱界面间断上升，注入气在横向连通弱的地质构造部位向下驱替井间剩余油，在横向连通强的地质构造部位重复"积累能量，释放能量"进行驱替的过程。对采出程度和含水率而言，其瞬时含水率均在 90% 以上，采油周期较长，不适于进行现场驱油试验。

2.6.2　基于油藏工程的气水混合流动区研究

砂岩油藏气水复合驱由于存在气水混合流动区域，因此可实现平面与纵向上波及体积的扩大，如图 2-6-2 所示。交替注入水和气体能够在孔隙尺度上有效降低气相的渗透率，改善气体和驱替相流度，从而减少气体的垂向窜流，减缓气窜的发生。同时，还可以通过气驱波及正韵律厚油层上部水驱波及不到的油层，从而增加整个油层的采出程度。

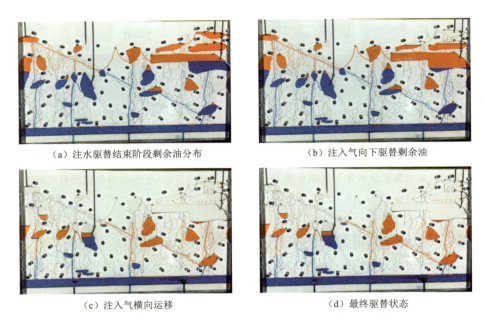

（a）注水驱替结束阶段剩余油分布　　　　　　　（b）注入气向下驱替剩余油

（c）注入气横向运移　　　　　　　　　　　（d）最终驱替状态

图 2-6-1　底水（5 mL/min）+注气（3 mL/min）驱替效果分析

对于缝洞型油藏，缝、洞等储集体尺度较大，气水复合驱过程中气、水重力分异作用明显，气、水各走各自的路径，气水混合流动区域较小。

根据达西定律，水平和垂向流动速度 $v_{水平}$ 和 $v_{垂向}$ 表达式为：

$$v_{水平}=\frac{k_h \Delta p}{\mu L} \qquad (2\text{-}6\text{-}1)$$

$$v_{垂向}=\frac{k_v \Delta \rho g h}{\mu h}=\frac{k_v \Delta \rho g}{\mu} \qquad (2\text{-}6\text{-}2)$$

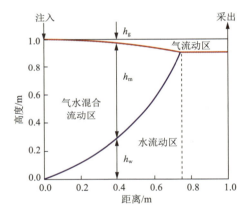

图 2-6-2　砂岩油藏气水复合驱三相分布图

h_g, h_m, h_w 分别为气的高度、气水混合物的高度和水的高度

式中　k_v, k_h——垂向和水平渗透率；

　　　$\Delta\rho$——密度差；

　　　g——重力加速度；

　　　h——高度；

　　　μ——流体黏度；

　　　L——井间距离；

　　　Δp——生产压差。

水平与垂向流动速度比 R 的表达式如下：

$$R=\frac{v_{水平}}{v_{垂向}}=\frac{k_h \Delta p}{k_v \Delta \rho g L} \qquad (2\text{-}6\text{-}3)$$

塔河油田缝洞型油藏参数见表 2-6-1。

表 2-6-1　塔河油田缝洞型油藏参数表

参　数	井距/m	油水密度差/(kg·m⁻³)	油气密度差/(kg·m⁻³)	压差/MPa
数　值	700	150	850	5

基于表 2-6-1 中的油藏参数,根据式(2-6-3),推算出注入水和注入气的水平与垂向流动速度比 R,注入气的水平流动速度为垂向流动速度的 0.8 倍,而注入水的水平流动速度为垂向流动速度的 4.8 倍,即注入气以垂向流动为主,注入水以水平流动为主,因此塔河缝洞型油藏气水混合流动区较小,如图 2-6-3 所示。

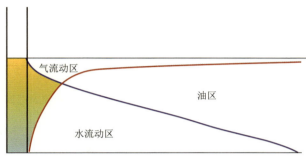

图 2-6-3　缝洞型油藏气水复合驱三相分布图

2.6.3　基于数值模拟的气水混合流动区研究

在物理模拟和油藏工程方法论证基础上,为了更接近油藏条件下的气水协同流动特征,采用示踪剂数值模拟方法模拟缝洞型油藏注入气、水的波及特征和波及范围,进一步揭示气水协同作用机理。

1)垂向裂缝的发育程度对气水混合流动区的影响

砂岩油藏的垂向渗透率一般低于水平渗透率,而缝洞型油藏与砂岩油藏不同,其垂向裂缝发育,表现为垂向渗流能力大于水平渗流能力。

当 $k_x=k_y=100×10^{-3}\ \mu m^2$,储层厚度为 180 m,井距为 600 m 时,分别模拟 $k_z/k_x=0.2$ 和 $k_z/k_x=10$ 时气水同注情况下的气水波及范围,模拟结果如图 2-6-4 所示。气水同注情况下,气水混合流动区范围随着注入气、水的增加而增大,且随着注入量的增加,气水混合流动区的范围趋于稳定。当 $k_z/k_x=10$ 时,气水混合流动区范围能达到 70 m;当 $k_z/k_x=0.2$ 时,气水混合流动区范围能达到 230 m。可见,k_z/k_x 值越大,井间气水混合流动区就会越小。

由于缝洞型油藏垂向裂缝发育,气水同时注入时,注入水主要沿垂向进入底水,横向驱替较砂岩油藏弱;而注入气在重力分异作用下主要波及油藏上部,气水混合流动区与砂岩油藏相比明显偏小。

2)注采压差对气水混合流动区的影响

当 $k_x=k_y=100×10^{-3}\ \mu m^2$,$k_z/k_x=2$,储层厚度为 180 m,井距为 600 m 时,分别模拟注采压差 $\Delta p=1$ MPa 和 $\Delta p=2$ MPa 时气水同注情况下的气水波及范围,模拟结果如图 2-6-5 所示。

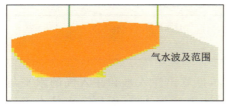

（a）k_z/k_x=0.2 时气水波及范围

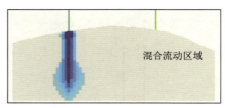

（b）k_z/k_x=10 时气水波及范围

图 2-6-4　不同垂向渗透率与水平渗透率比下气水波及范围

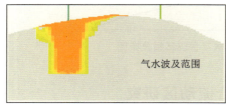

（a）Δp=1 MPa 时气水波及范围

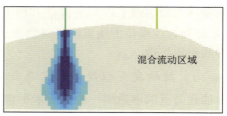

（b）Δp=2 MPa 时气水波及范围

图 2-6-5　不同注采压差下气水波及范围

由图可见，当 $\Delta p=1$ MPa 时，气水混合流动区范围为 130 m；当 $\Delta p=2$ MPa 时，气水混合流动区的范围为 150 m。在油藏物性条件一定的情况下，随着注采压差的增大，缝洞型油藏的气水混合流动区范围有一定程度的增加，但不明显。

2.7　启动水驱剩余油

2.7.1　注气启动剩余油实验研究

考虑塔河油田缝洞型油藏的缝洞配置关系，综合设计多组不同方向的裂缝，建立典型概念物理模型,如图 2-7-1(a)所示。

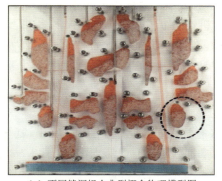

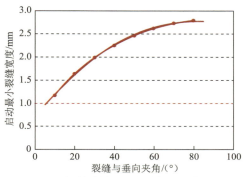

（a）不同缝洞组合典型概念物理模型图　　　（b）力学机制启动最小裂缝理论计算结果图

图 2-7-1　典型缝洞型油藏概念物理模型与力学机制分析验证图

实验所用原油密度为 836 kg/m³,接触角为 50°,气体密度为 1.25 kg/m³,油气界面张力为 38 mN/m。利用以上物性参数,基于建立的缝洞型油藏氮气驱力学机制,分析氮气在自下而上驱替过程中,启动上行裂缝沟通盲端洞的最小裂缝尺度,如图 2-7-1(b)所示。从计算结果看,1 mm 以上的裂缝均能启动。利用实际物理模型实施氮气自下而上驱替剩余油,从驱油结果来看,1 mm 裂缝以上尺度沟通的盲端洞(图 2-7-1a 中黑色圆圈溶洞)均可启动剩余油,与力学机制的分析一致,从而验证了氮气驱启动剩余油力学机制的正确性。

2.7.2　启动剩余油力学机制

塔河油田缝洞型油藏矿场注氮气多采用高注低采这种更为有效的注气方式进行开发,在这种注气方式下缝洞型油藏中注入氮气的运移大致可以分为 3 个阶段,如图 2-7-2 所示。第 1 阶段是气体在注气井附近,由于油气黏度差异造成的重力分异作用的影响,自下而上快速运移至储层上部;第 2 阶段是气体在注采井间主要沿储层上部横向运移;第 3 阶段是气体在生产井周围从储层顶部自上而下运移至生产井内。不同运移阶段,氮气驱启动剩余油的力学机制不同。

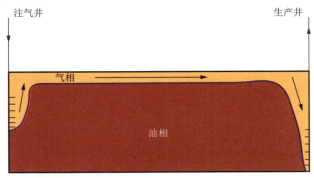

图 2-7-2　缝洞型油藏注入氮气从注入井到生产井流动示意图

3个运移阶段中氮气驱的驱动力方向不同,主要分为3个方向:第1阶段主要是向上的驱动力,第2阶段是水平驱动力,第3阶段是向下的驱动力。缝洞型油藏水平缝欠发育,主要发育高角度缝。因此,氮气驱启动剩余油的力学机制分析主要分为3个阶段,即氮气上行驱替阶段、氮气水平驱替阶段和氮气下行驱替阶段,其中氮气上行驱替阶段主要发生在注气井周围,氮气水平驱替阶段主要发生在注气井和生产井的井间区域,氮气下行驱替阶段主要发生在生产井周围。

1)上行驱替阶段

在注气井周围,由于受油气密度差的影响,注入氮气会迅速上行,在此过程中,氮气驱驱动力向上。对于下行裂缝,无论沟通的是盲端洞(图2-7-3a),还是有泄压点溶洞(图2-7-3b),由于驱动力、重力(浮力)和毛管力对氮气进入下行裂缝都是阻力,因此氮气上行驱替阶段无法启动下行裂缝沟通的溶洞剩余油。对于上行裂缝,由于注入氮气向上运移的驱动力沿上行裂缝存在分量,且重力(浮力)为动力,存在启动上行裂缝沟通溶洞剩余油的可能性。为此,建立了氮气上行驱替阶段启动上行裂缝沟通盲端洞(图2-7-3c)和有泄压点溶洞(图2-7-3d)两种情况的启动剩余油力学机制。

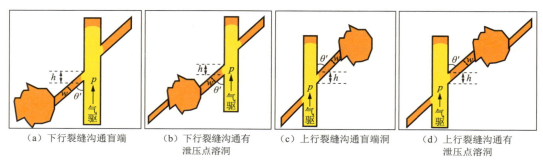

（a）下行裂缝沟通盲端　　（b）下行裂缝沟通有　　（c）上行裂缝沟通盲端洞　　（d）上行裂缝沟通有
　　　　　　　　　　　　　　泄压点溶洞　　　　　　　　　　　　　　　　　　泄压点溶洞

图 2-7-3　氮气上行驱替阶段不同角度裂缝沟通溶洞示意图

在氮气上行驱替阶段,当遇到上行裂缝发育区域时(图2-30c),由于裂缝沟通的是盲端洞,没有泄压点,因此驱动力沿裂缝没有作用,只需考虑毛管力和重力(浮力)的影响,其中重力为动力,毛管力为阻力。氮气上行启动上行裂缝,沟通盲端洞时,重力(浮力)必须大于或等于毛管力,启动上行裂缝沟通的盲端洞的最小裂缝开度满足如下关系式:

$$\Delta\rho_{og} g \frac{w_{min}}{\sin \theta'} = \frac{2\sigma_{og}\cos \theta}{w_{min}} \tag{2-7-1}$$

式中　$\Delta\rho_{og}$——油气密度差,kg/m^3;

　　　g——重力加速度,$9.8\ m/s^2$;

　　　w_{min}——最小裂缝开度,m;

　　　θ'——裂缝倾角,(°);

　　　σ_{og}——油气界面张力,N/m;

　　　θ——油气接触角,(°)。

求解式(2-7-1),得到启动最小裂缝开度的表达式:

$$w_{min} = \sqrt{\frac{2\sigma_{og}\cos \theta \sin \theta'}{\Delta\rho_{og} g}} \tag{2-7-2}$$

注入氮气后,氮气由于重力分异上行至油层顶部,启动上行裂缝,沟通有泄压点溶洞剩余油,如图 2-7-4(d)所示。氮气上行驱动力向上,对于上行裂缝沟通有泄压点溶洞,有向上的驱动力分量,因此有 3 个力的作用,包括驱动力分量、重力(浮力)和毛管力,其中驱动力分量和重力(浮力)为动力,毛管力为阻力。氮气上行启动上行裂缝,沟通有泄压点溶洞时,驱动力和重力之和必须大于或等于毛管力,启动上行裂缝沟通有泄压点溶洞的最小裂缝开度满足如下关系式:

$$\Delta p + \Delta \rho_{og} g \, \frac{w_{min}}{\sin \theta'} = \frac{2 \sigma_{og} \cos \theta}{w_{min}} \tag{2-7-3}$$

式中　Δp——驱动力沿上行裂缝方向的分量,N。

求解式(2-7-3),得到启动最小裂缝开度的表达式:

$$w_{min} = \frac{\sin \theta' \left(-\Delta p + \sqrt{\Delta p^2 + \dfrac{8 \Delta \rho_{og} g \sigma_{og} \cos \theta}{\sin \theta'}} \right)}{2 \Delta \rho_{og} g} \tag{2-7-4}$$

2) 水平驱替阶段

在注气井与生产井之间,注入氮气沿 T_7^4 界面以下的顶部储集体水平运移,该驱替阶段主要存在驱动力、毛管力和重力。当上行裂缝沟通溶洞(图 2-7-4a 和图 2-7-4b)时,水平驱动力沿裂缝存在分量,且重力(浮力)为动力,存在启动上行裂缝沟通剩余油的可能性。当下行裂缝沟通盲端洞(图 2-7-4c)时,由于水平驱动力没有泄压点,重力(浮力)和毛管力均为阻力,无法启动盲端洞内的剩余油。当下行裂缝沟通有泄压点溶洞(图 2-7-4d)时,水平驱动力存在沿裂缝的分量,尽管重力(浮力)和毛管力为阻力,仍然存在启动有泄压点溶洞剩余油的可能性。因此,建立了水平驱替阶段启动上行裂缝沟通盲端洞和有泄压点溶洞及下行裂缝沟通有泄压点溶洞 3 种情况的启动剩余油力学机制。

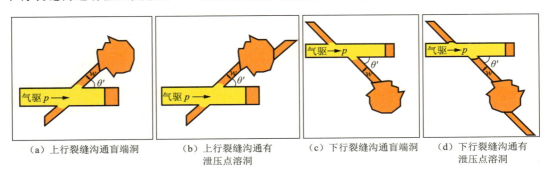

（a）上行裂缝沟通盲端洞　　（b）上行裂缝沟通有　　（c）下行裂缝沟通盲端洞　　（d）下行裂缝沟通有
　　　　　　　　　　泄压点溶洞　　　　　　　　　　　　　　　　泄压点溶洞

图 2-7-4　氮气水平驱替阶段不同角度裂缝沟通溶洞示意图

氮气水平驱替阶段,当遇到上行裂缝发育区域(图 2-7-4a)时,由于裂缝沟通的是盲端洞,没有泄压点,因此驱动力沿裂缝没有分量,只需考虑毛管力和重力(浮力)的影响,其中重力(浮力)为动力,毛管力为阻力。氮气水平驱替启动上行裂缝沟通盲端洞时,重力(浮力)必须大于或等于毛管力,启动上行裂缝沟通盲端洞的最小裂缝开度满足如下关系式:

$$\Delta \rho_{og} g \, \frac{w_{min}}{\sin \theta'} = \frac{2 \sigma_{og} \cos \theta}{w_{min}} \tag{2-7-5}$$

求解式(2-7-5),得到启动最小裂缝开度的表达式:

$$w_{\min} = \sqrt{\frac{2\sigma_{og}\cos\theta\sin\theta'}{\Delta\rho_{og}g}} \tag{2-7-6}$$

在氮气水平驱替阶段,上行裂缝沟通有泄压点溶洞(图 2-7-4b)时,驱动力有向上的分量,此时有 3 个力的作用,包括驱动力分量、重力(浮力)和毛管力,其中驱动力分量和重力(浮力)为动力,毛管力为阻力。氮气水平驱替阶段启动上行裂缝沟通有泄压点溶洞时,驱动力和重力之和必须大于或等于毛管力,启动上行裂缝沟通有泄压点溶洞的最小裂缝开度满足如下关系式:

$$\Delta p + \Delta\rho_{og}g\,\frac{w_{\min}}{\sin\theta'} = \frac{2\sigma_{og}\cos\theta}{w_{\min}} \tag{2-7-7}$$

求解式(2-7-7),得到启动最小裂缝开度的表达式:

$$w_{\min} = \frac{\sin\theta'\left(-\Delta p + \sqrt{\Delta p^2 + \dfrac{8\Delta\rho_{og}g\sigma_{og}\cos\theta}{\sin\theta'}}\right)}{2\Delta\rho_{og}g} \tag{2-7-8}$$

在氮气水平驱替阶段,驱动力对于下行裂缝沟通有泄压点溶洞(图 2-7-4d)时,驱动力有向下的分量,此时有 3 个力作用,包括驱动力分量、重力(浮力)和毛管力,其中驱动力分量为动力,毛管力和重力(浮力)为阻力。氮气水平驱替阶段启动上行裂缝沟通有泄压点溶洞时,驱动力必须大于或等于毛管力和重力之和,启动上行裂缝沟通有泄压点溶洞的最小裂缝开度满足如下关系式:

$$\Delta p = \frac{2\sigma_{og}\cos\theta}{w_{\min}} + \Delta\rho_{og}g\,\frac{w_{\min}}{\sin\theta'} \tag{2-7-9}$$

求解式(2-7-9),得到启动最小裂缝开度的表达式:

$$w_{\min} = \frac{\sin\theta'\left(\Delta p + \sqrt{\Delta p^2 - \dfrac{8\Delta\rho_{og}g\sigma_{og}\cos\theta}{\sin\theta'}}\right)}{2\Delta\rho_{og}g} \tag{2-7-10}$$

3) 下行驱替阶段

注入氮气在生产井附近由 T_7^4 顶部自上而下运移到生产层段。对于上行裂缝(图 2-7-5a 和图 2-7-5b),向下的驱动力虽然无沿裂缝的分量,但由于重力(浮力)为动力,存在克服毛管力并启动上行裂缝沟通溶洞剩余油的可能性。对于下行裂缝沟通盲端洞(图 2-7-5c),由于无泄压点,故没有沿下行裂缝的驱动力分量,且重力和毛管力均为阻力,无法启动盲端洞内剩余油。对于下行裂缝沟通有泄压点溶洞(图 2-7-5d),沿下行裂缝的驱动力分量为动力,存在克服毛管力和重力的可能性。因此,建立了氮气下行驱替阶段启动上行裂缝沟通盲端洞和有泄压点溶洞及下行裂缝沟通有泄压点溶洞 3 种情况的启动剩余油力学机制。

注入氮气在生产井周围自上而下驱油,氮气下行启动上行裂缝沟通溶洞剩余油时,无论是盲端洞(图 2-7-5a)还是有泄压点溶洞(图 2-7-5b),驱动力均垂直向下,没有向上的分量,因此对于上行裂缝沟通盲端洞或有泄压点溶洞,主要存在毛管力和重力,其中毛管力是阻力,重力(浮力)是动力。氮气下行启动上行裂缝沟通溶洞时,重力(浮力)必须大于或等于毛管力,启动上行裂缝沟通溶洞的最小裂缝开度满足如下关系式:

$$\Delta\rho_{og}g\,\frac{w_{\min}}{\sin\theta'} = \frac{2\sigma_{og}\cos\theta}{w_{\min}} \tag{2-7-11}$$

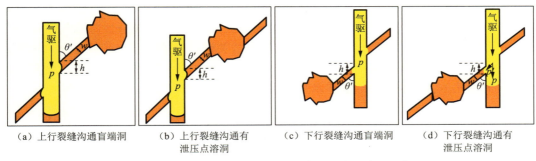

（a）上行裂缝沟通盲端洞　（b）上行裂缝沟通有　（c）下行裂缝沟通盲端洞　（d）下行裂缝沟通有
　　　　　　　　　　　　泄压点溶洞　　　　　　　　　　　　　　　　　　泄压点溶洞

图 2-7-5　氮气下行驱替阶段不同角度裂缝沟通溶洞示意图

求解式（2-7-11），得到启动最小裂缝开度的表达式：

$$w_{\min} = \sqrt{\frac{2\sigma_{\mathrm{og}}\cos\theta\sin\theta'}{\Delta\rho_{\mathrm{og}}g}} \tag{2-7-12}$$

注入氮气在生产井周围自上而下驱油，氮气下行启动下行裂缝沟通盲端洞时，由于无泄压点，没有沿下行裂缝的驱动力分量，因此对于下行裂缝沟通的盲端洞，主要存在毛管力和重力，其中毛管力为阻力，重力（浮力）为动力。氮气下行启动下行裂缝沟通溶洞时，重力（浮力）必须大于或等于毛管力，启动下行裂缝沟通溶洞的最小裂缝开度满足如下关系式：

$$\Delta\rho_{\mathrm{og}}g\,\frac{w_{\min}}{\sin\theta'} = \frac{2\sigma_{\mathrm{og}}\cos\theta}{w_{\min}} \tag{2-7-13}$$

求解式（2-7-13），得到启动最小裂缝开度的表达式：

$$w_{\min} = \sqrt{\frac{2\sigma_{\mathrm{og}}\cos\theta\sin\theta'}{\Delta\rho_{\mathrm{og}}g}} \tag{2-7-14}$$

在生产井周围，氮气从油层顶部向下驱替剩余油，启动下行裂缝沟通有泄压点溶洞剩余油，如图 2-7-5（d）所示。对于下行裂缝沟通有泄压点溶洞，氮气自上而下的驱动力有沿下行裂缝的分量，此时的作用力主要包括驱动力向下的分量、重力（浮力）和毛管力，其中驱动力向下的分量为动力，重力（浮力）和毛管力为阻力。氮气下行启动下行裂缝沟通有泄压点溶洞时，驱动力向下的分量要大于或等于毛管力和重力之和，启动下行裂缝沟通有泄压点溶洞的最小裂缝开度满足以下关系式：

$$\Delta p = \Delta\rho_{\mathrm{og}}g\,\frac{w_{\min}}{\sin\theta'} + \frac{2\sigma_{\mathrm{og}}\cos\theta}{w_{\min}} \tag{2-7-15}$$

求解式（2-7-15），得到启动最小裂缝开度的表达式：

$$w_{\min} = \frac{\sin\theta'\left(\Delta p + \sqrt{\Delta p^2 - \dfrac{8\Delta\rho_{\mathrm{og}}g\sigma_{\mathrm{og}}\cos\theta}{\sin\theta'}}\right)}{2\Delta\rho_{\mathrm{og}}g} \tag{2-7-16}$$

2.7.3　宏观驱动力学机制

氮气驱油过程中存在垂向上的油气重力分异作用力与井间驱替作用力，如图 2-7-6 所示。在油气重力分异作用下，注入气进入储集体后向上运移并形成气顶，气顶向下驱替原油，抑制气体黏性指进，在一定驱替速度下保持油气界面稳定，实现均衡驱替，从而扩大气驱的波及程度。在井间驱替作用下，气体横向驱替原油并使之流向生产井，但因油气流度比远大于油水流度比，气体横向驱替原油的能力不及水驱。因此，充分发挥油气的重力分异作用，实现垂向重力稳定驱替，是提高气驱效果的关键。为了定量表征重力分异作用力与气驱水平驱替作用力的相互作用大小，提出了驱动准数的概念，该参数为重力分异作用（即垂向作用力）与井间驱替压差（即水平作用力）之比，其表达式为：

$$N_{\mathrm{D}} = \frac{\Delta \rho_{\mathrm{og}} g h}{\Delta p} \tag{2-7-17}$$

式中　N_{D}——驱动准数；

　　　Δp——水平作用力。

　　垂向渗透率与水平渗透率之比越大，油气的重力分异作用越强。针对塔河油田缝洞型油藏，结合达西定律，当纵横向渗透率之比大于10，驱替压差小于9 MPa时，水平驱替速度小于垂向驱替速度，储集体中以油气重力分异作用产生的垂向驱替为主（图2-7-6）。利用驱动准数公式(2-7-17)绘制不同油气密度差、不同油柱高度条件下，保持垂向驱替为主的横向驱替压差界限图版，如图2-7-7和图2-7-8所示。

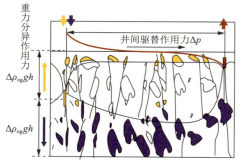

图 2-7-6　气/水在油藏中波及形态示意图

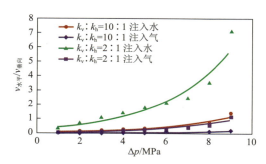

图 2-7-7　气/水的 $v_{水平}/v_{垂向}$ 与驱替压差关系曲线

　　通过概念模型的物理模拟实验，建立驱动准数与采收率之间的关系，如图2-7-9所示。随着驱动准数的增大，重力作用增强，采收率升高；要实现驱动较好的重力驱替作用，驱动准数应大0.05。

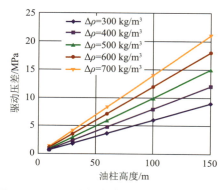

图 2-7-8　不同油柱高度重力驱横向驱替压差

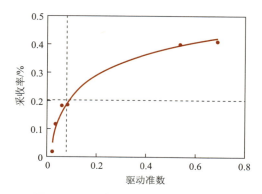

图 2-7-9　驱动准数与采收率关系曲线

第 3 章
缝洞型油藏注氮气提高采收率技术

塔河油田缝洞型油藏单井和单元注氮气提高采收率主要依靠氮气的非混相人工气顶驱和增加弹性膨胀能量两方面的作用机理。由于缝洞型油藏中的流体在溶洞、溶孔型储集体中的流动状态属于管流,注入氮气和原油的重力分异作用强,而塔河油田缝洞型油藏储集体分布的非均质性极强,溶洞、溶蚀孔洞、断裂、裂缝型储集体空间组合分布极为复杂,氮气在储集体中运移、埋存和置换的效果存在很大的差异性,因此溶洞和裂缝空间分布组合关系、剩余油分布模式,以及油井间的连通关系、连通程度、注气方式、井网设计等因素都能直接影响缝洞型油藏的注氮气效果。确定潜力井、制定适宜的注气方式、设计合理注采井网及参数和形成有效的注气效果评价方法是保证塔河油田缝洞型油藏注氮气效果的关键。经过长期研究和矿场实践,逐步形成了塔河油田缝洞型油藏特有的选井、注入方式制定、井网与参数设计和全过程注气效果评价等四方面的关键技术,为塔河油田注氮气推广和稳产奠定了坚实的基础。

3.1 注氮气选井技术

3.1.1 单井注氮气选井技术

在 2013—2015 年塔河油田缝洞型油藏注氮气开发初期,地震资料是选井的主要依据,即根据地震反射特征判断油井井周是否具有高部位"阁楼"储集体的地震特征显示,在此基础上利用油井生产动态特征计算油井剩余可采储量,以此作为注氮气潜力井的筛选评价方法。但随着注氮气技术在塔河油田覆盖规模持续扩大,存在四方面的效果差异化特征:一是部分单井注气井注气后增油效果具有差异性,从几吨到几千吨不等;二是不同储集体类型的单井注气井注气后增油效果同样具有明显的差异;三是储集体类型基本相同,但储集体所处的构造深度存在差异,增油效果同样具有明显的差异;四是在注氮气参数基本相同的条件下,注氮气井的周期增产效果也存在差异。

为明确单井注氮气效果控因,对矿场 144 口单井注氮气井开展矿场效果分类评价,从地质、油藏和政策方面进行分类评价,发现油井所处岩溶背景、井周储集体空间类型、剩余油赋存模式、底水抬升特征、水体大小等动静态参数均能影响缝洞型油藏的注氮气效果。

根据注气井地质特征描述成果,结合油井动态资料和前期地质认识成果,采用数据统计方法,明确不同岩溶背景等地质因素对注气效果的影响,在此基础上建立不同岩溶背景条件下的单井注氮气选井原则。

3.1.1.1 注氮气效果控因研究

1) 岩溶背景

塔河油田奥陶系碳酸盐岩经过了多期构造作用和岩溶改造,受阿克库勒鼻状构造东北高西南低的影响,不同岩溶地貌单元在不同构造运动时期表现出不同的岩溶作用和缝洞形态。其中,在加里东晚期构造运动阶段,在一间房尖灭线以南的覆盖区主要发育沿大型断裂分布的断溶体;在海西早期构造运动阶段,在构造高部位主要发育连通性较好的风化壳;到了海西晚期构造运动阶段,在风化壳岩溶的基础上发育了深层古暗河岩溶。

因此,塔河油田奥陶系岩溶可分为风化壳岩溶、古暗河岩溶、断溶体岩溶以及风化壳＋古暗河复合岩溶4种类型。这4种岩溶类型具有以下特征:① 风化壳岩溶主要分布在一间房组剥蚀区,其普遍岩溶深度在 T_7^7 面0～80 m范围内,由于风化剥蚀作用和大气水淋滤作用而形成溶蚀孔洞,形成了相对均质的储集体,此类储集体在区域上分布较为连续,储集体物性相对均一;② 古暗河岩溶主要分布在塔河油田四、六、七区,是由潜水面形成的管道状溶洞,内部经常被碎屑物质或泥质充填,在平面上类似于河流状弯曲分布,在纵向上由于潜水面发生周期性变化而形成多期次溶洞;③ 断溶体岩溶主要分布在覆盖区,位于塔河油田十、十二、托普台等区,其储集体展布方向与北东、北西主干断裂展布方向一致,主要是由断裂所控制的岩溶,断裂是影响产能的主控因素;④ 风化壳＋古暗河复合岩溶是在风化壳内部同时又发育河道型储集体的一类储层,其形成受风化剥蚀和潜水面的双重控制。

采用国内外评价注氮气效果的方气换油率指标作为评判单井注氮气效果的依据,首先确定每口单井注气井所处的岩溶背景,在此基础上开展注氮气效果的岩溶差异化方气换油率效果指标的分类对比。对比岩溶背景分类后的方气换油率效果(表3-1-1)可以看出,风化壳、风化壳＋古暗河两类岩溶背景的单井注气有效率高,均超过60%,平均周期增油量分别为1 289.75 t和1 746.20 t;而断溶体、古暗河岩溶背景的单井注氮气有效率相对较低,为47%左右,周期增油量也相对较低。由此可以看出,风化壳和风化壳＋古暗河复合岩溶背景的单井注氮气效果整体要好于断溶体、古暗河岩溶背景的注氮气井。

表 3-1-1 不同岩溶背景注气效果统计表

岩溶背景		古暗河	断溶体	风化壳	风化壳＋古暗河
井数/口	$R \geq 0.64$ t/m³	11	29	5	32
	0.46 t/m³$< R < 0.64$ t/m³	1	12	2	6
	$R \leq 0.46$ t/m³	14	45	4	20
总井数/口		26	86	11	58
注气有效率/%		46.2	47.7	63.6	65.5
周期增油/t		1 192.91	1 169.22	1 289.75	1 746.20

注:R 为方气换油率。

2）储集体类型

在每一种岩溶背景下,由于地层应力方向、应力强度、溶蚀作用强弱的差异,塔河油田碳酸盐岩储集体规模、形态、分布存在强非均质性,主要存在 3 种储集体类型:溶洞型、裂缝-孔洞型和裂缝型,如图 3-1-1 所示。

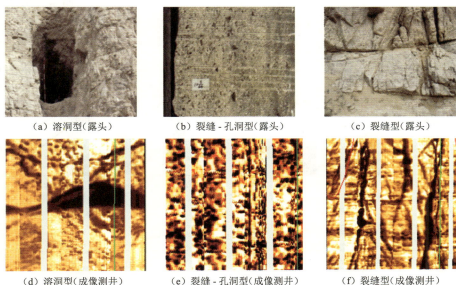

（a）溶洞型(露头)　　　　（b）裂缝-孔洞型(露头)　　　　（c）裂缝型(露头)

（d）溶洞型(成像测井)　　（e）裂缝-孔洞型(成像测井)　　（f）裂缝型(成像测井)

图 3-1-1　碳酸盐岩储集体类型

塔河油田碳酸盐岩缝洞型储集体类型不同,结合钻井、完井和油井生产特征,储集体主要分为自然溶洞型、酸压溶洞型、酸压裂缝-孔洞型和裂缝型储集体。不同储集体类型对应的单井注氮气效果存在较大的差异。由矿场实践和效果分类统计(表 3-1-2)可知,4 种岩溶背景下自然溶洞型储集体的注气有效率均超过 50％,而酸压溶洞型储集体的注气有效率均处于 30％左右。这说明酸压溶洞型储集体的注气潜力较小,主要原因可能是酸压裂缝无法控制,致使注入气沿裂缝逸散。

表 3-1-2　不同岩溶背景-储集体类型注气有效率统计表

岩溶背景	自然溶洞型注气有效率/％	酸压溶洞型注气有效率/％	酸压裂缝-孔洞型注气有效率/％	裂缝型注气有效率/％
古暗河	53.8	33.3	42.9	—
断溶体	57.1	34.6	47.8	0.0
风化壳	80.0	33.3	66.7	—
风化壳＋古暗河	69.0	53.8	68.8	—

不同岩溶类型的溶洞规模不同,例如风化壳背景下的自然溶洞型、酸压裂缝-孔洞型储集体的注气有效率均高于 66％,其单井注气效果明显好于古暗河及断溶体岩溶背景的注气井。这说明在风化壳岩溶背景油藏中,酸压起到了沟通周围储集体的作用,由于风化壳储集体物性相对均一,缝洞群具备一定的规模,酸压能够提高油井近井储集体的渗透性。

4 种岩溶类型裂缝储集体的单井注氮气均显示,由于不同岩溶类型的裂缝储集体极为相似,均由地层应力控制,储层有效孔隙度较低($0.05\% \leqslant \phi < 2\%$),而洞穴和孔洞有效孔隙度范围分别为 $\phi > 5\%$ 和 $2\% \leqslant \phi \leqslant 5\%$,根据钻井、录井、测井解释成果和油井投产效果可以明确缝洞型储集体原油储量少,同时裂缝密度大,不利于氮气的有效埋存和置换。结合不同岩溶背景的储集体类型注气效果的对比(图 3-1-2)可以看出,裂缝型储集体背景的油井不适合采用注氮气的方式来提高油井的储量动用。

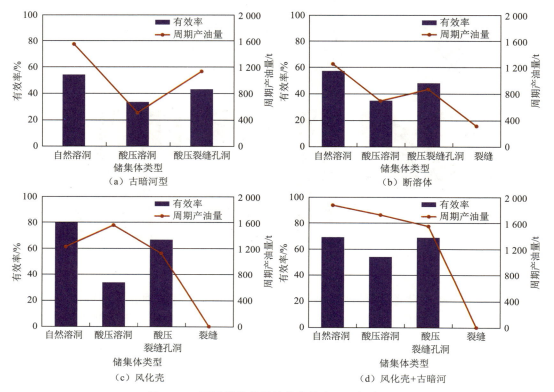

图 3-1-2　不同岩溶背景的储集体类型注气效果图

3) 底水能量

为了明确缝洞型油藏底水能量因素对单井注氮气效果的影响,考虑到在每种岩溶背景下细分储集体类型后,避免因样本数过少而导致效果控因分析不准确,本研究的底水能量因素评价范围是注氮气井数最多的断溶体岩溶的注气井,以完成底水能量强弱对注气效果的影响。根据缝洞型油藏开发特点,油井阶段综合含水率的变化可以反映底水能量的强弱,这里利用见水后含水上升速度和含水曲线特征来判断底水能量的强弱。以下 4 种含水上升模式反映底水能量由弱变强(图 3-1-3)。

(1) 缓慢上升型:油井见水后,综合含水率连续一年以上月含水上升速度保持在 3% 以内。典型井为 TK742 井。

(2) 台阶上升型:油井见水后出现综合含水率呈台阶式上升特征,出现含水率上升台阶后含水率仍保持在 60% 以下并保持半年以上的相对稳定生产,出现含水率上升台阶前平均月含水上升速度一般小于 10%。典型井为 TK630 井。

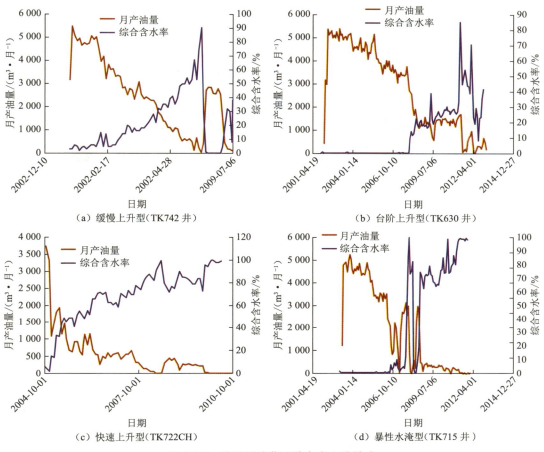

图 3-1-3　缝洞型油藏 4 种含水上升模式

（3）快速上升型：油井见水后并在半年内月含水上升速度大于 10%，综合含水率大于 60% 以后，含水上升速度开始放缓，转为缓慢抬升、台阶上升。典型井为 TK722CH 井。

（4）暴性水淹型：油井突然见水，且含水率迅速上升，见水后半年内月含水上升速度大于 10%，一年内导致油井含水率在 90% 以上或高含水停产。典型井为 TK715 井。

由断溶体岩溶背景的注气单井的储集体类型、含水特征与效果的关系可以看出，自然溶洞型储集体含水率表现为台阶上升或快速上升的油井注气有效率高，表明中—强水体单井注气后效果好的可能性更高；酸压溶洞型储集体由于酸压裂缝的作用弱，弱水体单井注气后的有效率高；酸压裂缝孔洞型储集体中—强水体的单井注气有效率高（图 3-1-4）。

4）剩余油类型

根据缝洞型油藏衰竭开发后期剩余油分布特征，将剩余油分为 4 种类型，分别为残丘型剩余油、水平井上部剩余油、底水未波及剩余油和裂缝型屏蔽剩余油，如图 3-1-5 所示。

剩余油类型取决于储集体的几何形状、裂缝的分布、井筒与储集体的配置关系。对于钻遇溶洞的储集体，井钻至储集体的中部，在井与洞顶之间的空间形成无法采出的洞顶剩余油，根据储集体的形态和井的类型，可以分为残丘型剩余油和水平井上部剩余油。对于

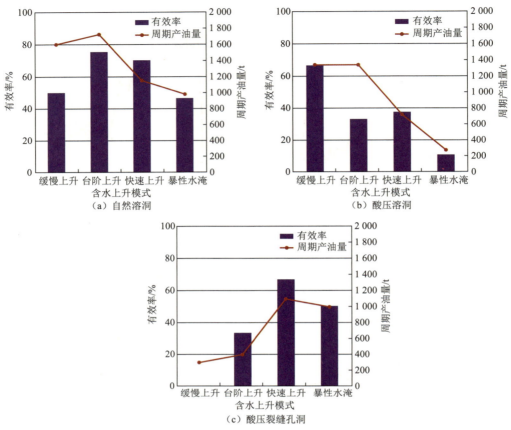

（a）自然溶洞　（b）酸压溶洞　（c）酸压裂缝孔洞

图 3-1-4　断溶体岩溶不同储集体类型注气有效率柱状图

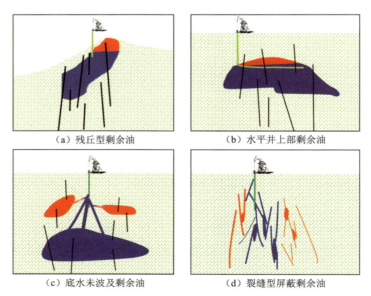

（a）残丘型剩余油　（b）水平井上部剩余油　（c）底水未波及剩余油　（d）裂缝型屏蔽剩余油

图 3-1-5　缝洞型油藏单井剩余油模式图

钻遇裂缝发育的储集体,如果上部有水平展布的风化壳岩溶背景储集体,则底水容易沿着裂缝窜进至井筒,周围剩余油难以被采出,形成底水未波及剩余油;如果裂缝上部及周围的储集空间很小,则在裂缝周围形成星星点点的少量剩余油,即裂缝型屏蔽剩余油。

在断溶体岩溶背景的注氮气单井中,自然溶洞型储集体在残丘和水平井上部注气有效率高;酸压溶洞型储集体注气有效率均低于 50%;酸压裂缝孔洞型储集体注气有效率均低于 50%;裂缝型储集体注气有效率为 0%,如图 3-1-6 所示。以上研究表明,要选择自然溶洞型储集体的残丘型和水平井上部剩余油进行注气,其他类型的剩余油进行注气在经济上均存在较大的风险。

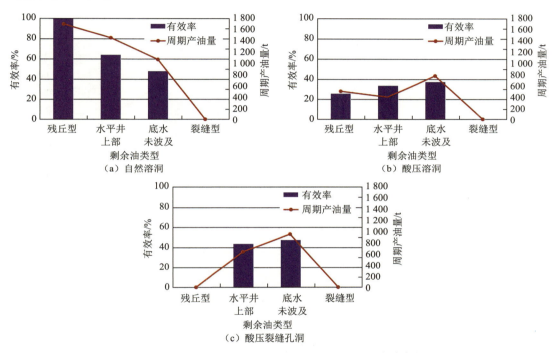

图 3-1-6　断溶体不同类型储集体剩余油类型与注气有效率柱状图

5）剩余油规模

在确定了储集体类型的基础上,剩余油规模即储量是进一步影响注气效果的主要参数。由于储集体形状表征和储层物性计算存在较大的困难,所以当前对缝洞型油藏剩余油储量的计算还未形成较规范的方法。这里采用常规剩余油储量的计算方法,即通过累积产油量和标定的采收率折算剩余地质储量,然后统计 181 口注气井剩余油储量的分布规律。剩余油储量基本符合正态分布,平均值为 15.43×10^4 t,标准差为 11.7。

为了表征剩余油储量的大小,需要划分剩余油储量的界限。按照统计数据充足、均分的原则,选取累积分布曲线四等分点作为划分界限,如图 3-1-7 所示。

(1)剩余油储量小,数值界限小于 5×10^4 t;

(2)剩余油储量中等,数值界限为 $(5 \sim 15) \times 10^4$ t;

(3)剩余油储量大,数值界限为 $(15 \sim 25) \times 10^4$ t;

（4）剩余油储量超大，数值界限大于 $25×10^4$ t。

分析不同类型储集体剩余油储量与注气有效率的关系(图 3-1-8)，结果表明：

（1）自然溶洞型储集体剩余油储量小于 $25×10^4$ t 时注气有效率高；

（2）不同剩余油储量下酸压溶洞型储集体注气有效率均低于 50%；

（3）酸压裂缝孔洞型储集体剩余油储量小于 $5×10^4$ t 注气有效率高。

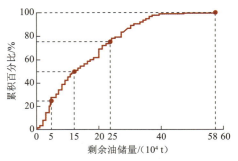

图 3-1-7　剩余油储量累积分布曲线

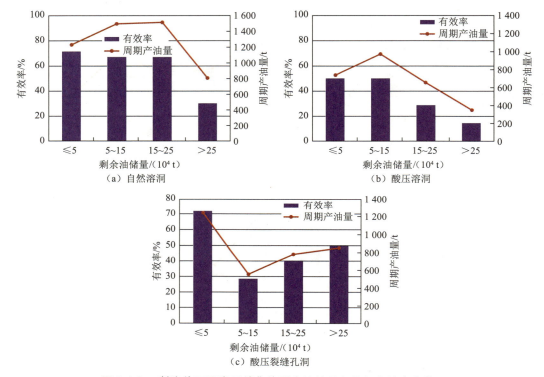

（a）自然溶洞

（b）酸压溶洞

（c）酸压裂缝孔洞

图 3-1-8　断溶体不同类型储集体剩余油储量与注气有效率柱状图

6）综合分析

以上针对断溶体岩溶背景注气单井分析了储集体类型等其他地质参数下的注气效果，下面讨论古暗河、风化壳、风化壳+古暗河 3 种岩溶背景，但由于这些岩溶背景的注气井数较少，所以不再对其细分至储集体类型级别。

（1）古暗河型。

由图 3-1-9 可以得出以下结论：

① 底水能量方面，古暗河型岩溶背景注气井的含水上升曲线表现为台阶上升和快速上升的储集体注气有效率高，超过 70%，表明中等强度的底水能量注气效果普遍较好。

② 剩余油类型方面，古暗河型岩溶背景注气井的水平井上部剩余油注气有效率较高，

其他类型剩余油注气有效率均低于 50%,说明其他类型剩余油选择注气开发在经济上存在较大风险。

③ 剩余油储量方面,古暗河型岩溶背景注气井的剩余油储量小于 25×10^4 t 时注气有效率高。出现这种现象的原因可能是剩余油储量越大,平面规模越大,注入气逸失量越大,如果与周围储集体连通,则可能起到气驱的作用。但是无论如何,由于气体逸失,对自身井的吞吐效果就不明显了。

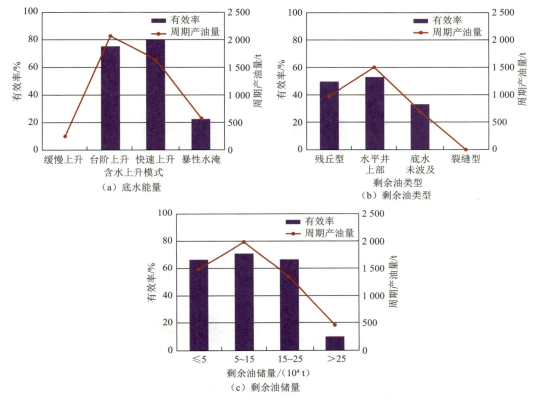

图 3-1-9　古暗河岩溶背景水体能量等地质参数对注气效果的影响

(2) 风化壳型。

由图 3-1-10 可以得出以下结论:

① 底水能量方面,风化壳型岩溶背景注气井的含水上升曲线表现为快速上升的储集体注气有效率高,数值上超过 80%,表明中—强底水能量的注气效果较好。

② 剩余油类型方面,风化壳型岩溶背景注气井的水平井上部剩余油注气后 100% 有效,其他类型剩余油注气有效率均低于 50%,因此应该选择水平井上部剩余油进行注气。

③ 剩余油储量方面,与古暗河型岩溶背景相同,风化壳型岩溶背景注气井的剩余油储量小于 25×10^4 t 时注气有效率高,超过此界限,注气后基本无效。

(3) 风化壳＋古暗河型。

由图 3-1-11 可以得出以下结论:

① 底水能量方面,风化壳＋古暗河型岩溶背景注气井含水上升曲线表现为快速上升的储集体注气有效率高,数值上超过 70%,表明中—强底水能量的注气效果较好。

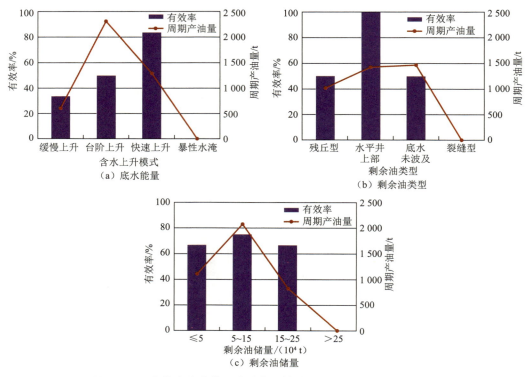

图 3-1-10　风化壳岩溶背景水体能量等地质参数对注气效果的影响

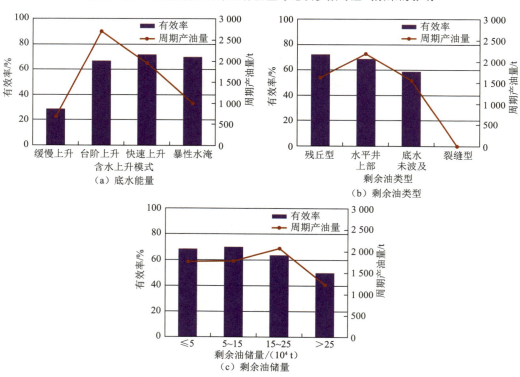

图 3-1-11　风化壳+古暗河岩溶背景水体能量等地质参数对注气效果的影响

② 剩余油类型方面,风化壳+古暗河型岩溶背景注气井残丘型和水平井上部剩余油注气有效率高,其他类型剩余油注气有效率均低于50%,因此应该选择这两类剩余油进行注气。

③ 剩余油储量方面,与以上两种岩溶背景相同,风化壳+古暗河型岩溶背景注气井剩余油储量小于$25×10^4$ t时注气有效率高,超过此界限,注气有效率下降。

3.1.1.2　不同岩溶背景下单井注氮气选井原则

基于单井注氮气关键控制因素研究,得出了不同岩溶背景条件下的选井要素,形成了单井注氮气选井原则(表3-1-3):

(1)断溶体和古暗河岩溶背景下要优选自然溶洞进行注气,风化壳和风化壳+古暗河岩溶背景下要优选酸压裂缝孔洞进行注气,4种岩溶背景注气井都应避免酸压溶洞。

(2)底水能量方面,4种岩溶背景均应选择中等能量水体进行注气,过低或过高的水体能量均不利于注气。

(3)剩余油类型方面,残丘型剩余油和水平井上部剩余油是注氮气选井主要针对的剩余油类型。

(4)注氮气选井剩余油储量不能过大,$25×10^4$ t是剩余油储量的上限值,大于该值注气风险性就会增加。

表 3-1-3　不同岩溶背景条件下单井注氮气选井原则

类 型	断溶体	暗 河	风化壳	风化壳+暗河
优选储集体类型	自然溶洞	自然溶洞	酸压裂缝孔洞	酸压裂缝孔洞
避免储集体	酸压溶洞			
含水上升 类型	台阶上升 快速上升	台阶上升 快速上升	台阶上升 快速上升	台阶上升 快速上升
剩余油类型	残丘型/水平井上部	水平井上部	水平井上部	残丘型/水平井上部
剩余地质储量/(10^4 t)	<25	<25	<25	<25

从181口注氮气井中筛选出符合以上选井原则的注气井16口,注气效果好的井13口,符合率81.25%,说明现有选井原则具有较好的油藏适用性(表3-1-4)。

表 3-1-4　单井注氮气选井方法应用效果统计表

井　名	岩溶背景	储集体	含水上升 类型	剩余油 类型	剩余储量 /(10^4 t)	周期 增油量/t	方气换油率 /(t·m^{-3})	注气 效果
S107CH	断溶体	自然溶洞	台阶上升	水平井上部	16.04	4 860.22	2.47	效果好
T819CH	断溶体	自然溶洞	台阶上升	水平井上部	47.44	2 455.20	0.75	效果好
TH12352	断溶体	自然溶洞	快速上升	残丘型	4.68	3 957.44	0.81	效果好
TK836CH	断溶体	自然溶洞	快速上升	水平井上部	4.97	2.07	0.00	效果差
TK837CX	断溶体	自然溶洞	快速上升	残丘型	5.89	1 633.20	1.00	效果好
TP242	断溶体	自然溶洞	台阶上升	残丘型	16.77	2 133.50	1.30	效果好

续表 3-1-4

井　名	岩溶背景	储集体	含水上升类型	剩余油类型	剩余储量/(10^4 t)	周期增油量/t	方气换油率/(t·m^{-3})	注气效果
T443CH	古暗河	自然溶洞	台阶上升	水平井上部	5.71	7 750.20	4.74	效果好
TK762CH	古暗河	自然溶洞	台阶上升	水平井上部	19.54	1 576.00	0.96	效果好
TK848CH	古暗河	自然溶洞	快速上升	水平井上部	4.16	2 847.00	1.74	效果好
TH12135CH	风化壳	酸压裂缝孔洞	快速上升	水平井上部	2.99	1 839.68	1.12	效果好
T7-615CX	风化壳＋古暗河	酸压裂缝孔洞	快速上升	残丘型	4.36	3 769.39	0.72	效果好
TH12182	风化壳＋古暗河	酸压裂缝孔洞	快速上升	残丘型	15.61	4 235.50	1.29	效果好
TK603CH	风化壳＋古暗河	酸压裂缝孔洞	快速上升	水平井上部	3.89	16 519.00	5.30	效果好
TK676	风化壳＋古暗河	酸压裂缝孔洞	快速上升	残丘型	4.78	13.60	0.01	效果差
TK7-619CH	风化壳＋古暗河	酸压裂缝孔洞	快速上升	水平井上部	2.84	3 668.35	0.77	效果好
TK7-633CH2	风化壳＋古暗河	酸压裂缝孔洞	快速上升	水平井上部	3.58	877.00	0.27	效果差

3.1.2　井组氮气驱选井技术

塔河油田碳酸盐岩缝洞型油藏中存在单井缝洞单元和多井缝洞单元。单井注氮气技术主要以动用单井缝洞单元为目标,单井注氮气取得显著的矿场应用效果;井组氮气驱技术于 2014 年开始逐步在塔河油田推广应用,其应用范围主要是具备连通关系的多井井区,井区内依靠断裂、裂缝等连通通道在井间形成静、动态连通关系,即缝洞型油藏存在的"连通岩溶缝洞系统"的多井缝洞单元。井组氮气驱与单井注氮气的注采方式和动用目标不同,井组氮气驱是以建立注采关系为基础,通过注入氮气对井间剩余油形成有效驱替的一种提高采收率技术,是塔河油田碳酸盐岩缝洞型油藏继水驱后形成的一种气驱技术,目前在塔河油田具备一定的应用规模和效果。井组氮气驱技术推广初期,选井目标主要聚焦在水驱失效井组上,这些井组具备连通关系且存在可驱替空间,初期取得了一定的效果。但随着井组氮气驱技术在塔河油田覆盖程度和推广规模的不断扩大,如何保证井组氮气驱的试验有效率并形成经济有效的气驱技术是氮气驱推广初期急需解决的关键问题。

为保证效果控制因素的准确性,从 161 个氮气驱井组中挑选出 76 个开展过大于 3 周期气驱的井组进行单因素控因分析,从岩溶背景、底水能量、剩余油类型、井间连通、地质储量、剩余可采储量等主要控因指标入手,量化各因素对增油量影响的权重关系,在回归模型及权重关系确定的基础上,明确岩溶差异化的氮气驱控制因素,并以此为基础建立井组氮气驱选井原则。

3.1.2.1　井组氮气驱效果控因研究

1）岩溶背景

根据塔河油田碳酸盐岩油藏的区域性岩溶成因、期次和控因的差异性,将塔河油田单元氮气驱试验区地质岩溶背景分为风化壳、古暗河和断溶体 3 种主要岩溶类型。其中,风化壳油藏平均井组增油量最大,达到 1.33×10^4 t/井组,但风化壳多发育溶洞型储集体,需要大规模氮气驱来驱动剩余油,因此方气换油率为 0.45 t/m³;而断溶体在塔河油田储量最大,是氮气驱推广井组最多的油藏类型,平均井组增油量 7 938 t/井组,方气换油率较风化壳的高,达 0.67 t/m³;受多期构造、岩溶改造的影响,古暗河油藏存在暗河延展不连续,垮塌充填程度高,因此整体气驱效果差,平均井组增油量 2 271 t/井组,方气换油率最低,仅有 0.21 t/m³(图 3-1-12)。

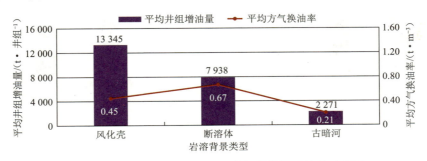

图 3-1-12　不同岩溶背景氮气驱井组平均增油效果对比图

2) 底水能量

根据塔河油田碳酸盐岩缝洞型油藏天然能量分级标准,将氮气驱井组划分为能量充足、能量一般和能量不足三大类,在氮气驱效果对比分析的基础上,开展了能量与注气效果的关系研究。结果表明,能量较充足和能量一般的井组氮气驱效果明显优于能量不足的井组,井组平均增油分别为 12 313 t 和 8 004 t,方气换油率高达 0.47 t/m³ 和 0.61 t/m³;能量不足的井组增油效果最差,平均井组增油仅 2 056 t,方气换油率为 0.38 t/m³,如图 3-1-13所示。

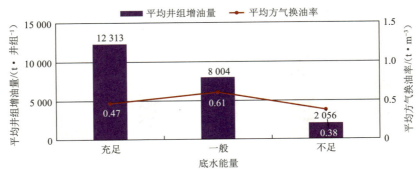

图 3-1-13　不同底水能量氮气驱井组平均增油效果对比图

3) 剩余油类型

碳酸盐岩缝洞型油藏适宜采用氮气驱的剩余油模式有 3 种,即表层剩余油、中深部剩余油、深部剩余油。矿场效果统计(图 3-1-14 和图 3-1-15)表明,不同剩余油模式条件下氮气驱井组控制地质储量存在差异,其中以表层岩溶缝洞储集体的剩余油增油效果最好,平均井组增油量达到 11 286 t,整体方气换油率达到 0.60 t/m³;中深部岩溶缝洞储集体中存在的剩余油相对难动用,平均井组增油量达到 6 065 t/井组,整体方气换油率达到 0.39 t/m³;深部岩溶缝洞储集体以岩溶古暗河为主,属于岩溶潜流带,水驱过程中剩余油动用程度相对较高,氮气动用难度最大,整体效果低于表层和中深部岩溶,平均井组增油达到 2 099 t,整体方气换油率达到 0.15 t/m³。

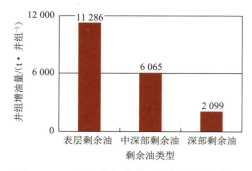

图 3-1-14 不同剩余油类型井组增油柱状图

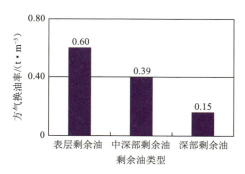

图 3-1-15 不同剩余油类型换油率柱状图

4) 井间连通

通过对比三类岩溶背景氮气驱井组的多向连通和单向连通对气驱效果的影响(图 3-1-16)可以看出,风化壳岩溶背景的多向连通井组的气驱效果好于单向连通,多向连通井组平均增油量达到 1.67×10^4 t/井组,高于单向连通平均井组增油量(0.99×10^4 t/井组),井组平均增油提高近 70%;在断溶体气驱井组中,多向连通井组平均增油量为 1.04×10^4 t/井组,单向连通井组平均增油量为 0.51×10^4 t/井组,井组平均增油提高 104%;在古暗河油藏中,整体气驱效果远低于风化壳和断溶体油藏,其中多向连通井组平均增油量为 0.10×10^4 t/井组,单向连通井组平均增油量为 0.22×10^4 t/井组(图 3-1-16)。

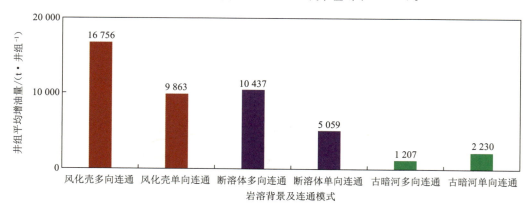

图 3-1-16 三类岩溶背景不同连通模式的氮气驱增油效果

由不同岩溶背景和不同连通模式的气驱效果可以看出,塔河油田缝洞型油藏氮气驱的主要机理为气顶驱,氮气以动用高部位剩余油为主,同时多向连通模式能够极大地提高氮气在储集空间中的埋存和波及。但在古暗河岩溶油藏中气驱效果并未呈现出多向连通优于单向连通的特点,这主要受两方面因素影响:一是古暗河岩溶储集空间主要分布在分隔型岩溶管道内的高部位,前期水驱动用程度相对较高,剩余油规模较风化壳和断溶体储集空间内的剩余油少；二是考虑到氮气需克服强底水能量才能进入储集空间形成置换，岩溶缝洞系统连通方向越多，所需氮气量就越大，这样才能形成波及。因此，古暗河油藏整体氮气驱效果一般，且多向连通井组气驱效果低于单向连通井组。

5）地质储量

地质储量为静态影响因素，是影响井组氮气驱的主要影响因素。通过对比 76 个氮气驱井组的岩溶分类效果，进一步确定地质储量对氮气驱效果的影响，在此基础上将岩溶差异化的地质储量影响因素作为井组气驱选井原则的主要指标，为塔河油田缝洞型油藏的井组氮气驱选井提供静态指标筛选范围。

对氮气驱井组地质储量，按照 $(300 \sim 500) \times 10^4$ t、$(150 \sim 300) \times 10^4$ t 和小于 150×10^4 t 3 个储量范围进行划分。对比三类岩溶油藏的地质储量可以看出，风化壳油藏地质储量在 $(300 \sim 500) \times 10^4$ t 范围内井组平均增油量最高，达 2.44×10^4 t/井组，平均方气换油率达 0.51 t/m³；断溶体油藏地质储量在 $(150 \sim 300) \times 10^4$ t 范围内井组平均增油量最高，达到 1.24×10^4 t/井组，平均方气换油率达 0.90 t/m³；古暗河油藏整体气驱效果一般，在 $(150 \sim 300) \times 10^4$ t 范围内平均井组增油相对较高，为 0.39×10^4 t/井组，平均方气换油率为 0.29 t/m³（表 3-1-5）。

表 3-1-5　三类岩溶不同地质储量井组气驱效果分类

岩溶分类	地质储量 /(10^4 t)	气驱井组数 /个	井组平均增油量 /(t·井组$^{-1}$)	平均方气换油率 /(t·m^{-3})
风化壳	300～500	12	24 364	0.51
	150～300	7	12 409	0.35
	<150	5	3 262	0.29
断溶体	300～500	11	7 740	0.76
	150～350	19	12 410	0.90
	<150	8	3 663	0.40
古暗河	300～500	6	1 605	0.17
	150～350	5	3 885	0.29
	<150	3	1 324	0.15

6）剩余可采储量

剩余可采储量是衡量塔河油田缝洞型油藏剩余潜力的重要指标和影响因素，同时也是评价井组氮气驱潜力的重要选井核心指标。通过对比三类岩溶油藏不同剩余可采储量规模所对应的气驱效果（表 3-1-6）可以看出，三类岩溶油藏的不同剩余可采储量范围对应的气驱效果具有明显的差异性，其中风化壳油藏剩余可采储量在大于 20×10^4 t 时气驱效果整体表现最好，井组平均增油量达 2.08×10^4 t/井组，平均方气换油率达 0.49 t/m³；断溶体油藏剩余可采储量大于 10×10^4 t 时，整体气驱效果有明显的提升，当剩余可采储量超过 10×10^4 t 时，井组平均增油量超过 0.95×10^4 t/井组，方气换油率超过 0.70 t/m³；受古暗河岩溶缝洞结构和气驱动用机理控制，该类岩溶油藏整体气驱效果一般，古暗河岩溶连通区属于氮气驱相对难动用的缝洞结构区,其连通性、缝洞结构、油水分布更为复杂,所以当氮气驱井组剩余可采储量超过 20×10^4 t 时,其井组平均增油量为 0.32×10^4 t/井组,平均方气换油率仅为 0.2 t/m³。

表 3-1-6　三类岩溶不同剩余可采储量井组气驱效果分类

岩溶分类	剩余可采储量 /(10^4 t)	气驱井组数 /个	井组平均增油量 /(t·井组$^{-1}$)	平均方气换油率 /(t·m^{-3})
风化壳	1~5	2	4 636	0.47
	5~10	6	6 499	0.31
	10~20	6	10 689	0.40
	≥20	10	20 788	0.49
断溶体	1~5	7	2 137	0.33
	5~10	8	3 495	0.32
	10~20	13	9 585	0.72
	≥20	10	13 410	0.72
暗　河	1~5	2	633	0.13
	5~10	2	1 298	0.17
	10~20	3	1 889	0.25
	≥20	7	3 180	0.20

3.1.2.2　井组氮气驱选井原则

在氮气驱效果控因分析的基础上,建立了塔河油田缝洞型油藏不同岩溶类型的选井原则。该原则包含核心指标、主要指标和参考指标三大类不同重要程度的选井指标大类和细分出的 6 类用于直接指导矿场选井的细分类指标,见表 3-1-7。

表 3-1-7　塔河油田缝洞型油藏井组氮气驱选井原则

岩溶类型	核心指标			主要指标		参考指标
	剩余可采储量 /(10^4 t)	连通模式	剩余油类型	地质储量 /(10^4 t)	底水能量	含水率 /%
风化壳	≥20	多向连通	表层剩余油	300~500	充　足	60~95
断溶体	≥10	多向连通	中深部剩余油	150~350	较充足	50~95
暗　河	≥25	单一连通	深部剩余油	≥250	较充足	30~80

3.2　注氮气方式优化

在前期水驱剩余油类型研究成果的基础上,针对缝洞型油藏注气开发的特殊性,总结提出了适合注氮气的剩余油类型,建立了差异化注氮气开发方式和注气方式。

3.2.1　单井注氮气方式优化

在前期水驱剩余油研究成果的基础上,提出了注氮气剩余油模式,利用数值模拟方法进行注气方式效果对比,明确单井剩余油差异化的最优注气方式。

1)建立 6 类典型单井剩余油模式

塔河油田缝洞型油藏储集体组合结构、油水分布复杂,随着单井采出程度的不断增大和单井多轮次注水替油的逐步开发,油水分布较开采前的原始分布特征有一定的差异。因此,建立典型注水替油后剩余油的分布模式是确定单井注氮气开发方式的重要基础。为此,优选出具有代表性的不同剩余油类型的单井注气井,建立了 6 类典型单井剩余油模式,分别为封隔溶洞型剩余油、残丘型剩余油、底水封挡型剩余油、水平井上部剩余油、裂缝型剩余油、底水未波及剩余油。在 6 类剩余油模式的基础上,利用数值模拟技术开展注气方式优化研究。

2)6 类剩余油模式的最优注气方式

针对缝洞型油藏注氮气开发的特殊性,细化单井剩余油类型为 6 种。利用数值模拟方法,综合现场经验,对封隔溶洞型剩余油、残丘型剩余油、水平井上部剩余油展开研究,底水封挡型剩余油、裂缝型剩余油和底水未波及型剩余油注气方式优化方法与其相同。

(1)封隔溶洞型剩余油。

TK691 井剩余油是典型的封隔溶洞型剩余油(图 3-2-1),由于致密层的隔断作用,溶洞渗流通道面积减小,渗流能力降低,封隔溶洞内剩余油不能有效动用。经过一段时间开发后,由于底水上升,将原有较小的渗流通道进一步阻隔,导致只有近井地带溶洞内剩余油能够有效动用,封隔溶洞内大量剩余油无法有效采出。

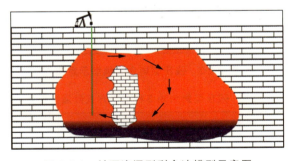

图 3-2-1　封隔溶洞型剩余油模型示意图

由于致密岩层的封隔作用,生产井在衰竭式开采过程中对封隔溶洞型剩余油动用程度低,不同驱替方式选择的关键是实现对封隔溶洞内剩余油的有效驱替。基于剩余油分布状况,设计了连续注气、气水交替和气水混注 3 种注气方案(表 3-2-1),3 种注气方式总的注入地下体积相同。

表 3-2-1　封隔溶洞型剩余油 3 种注气方式数值模拟方案

注气方式	注气量/(10⁴ m³)	注水量/m³
连续注气	80	0
气水交替	40	1 208
气水混注	40	1 208

封隔溶洞型剩余油采用连续注气方式（图 3-2-2）时，注入氮气通过溶洞顶部通道快速进入封隔溶洞内，可以有效驱替封隔溶洞内的剩余油，是封隔溶洞型剩余油的最佳驱替方式。其他两种注气方式对封隔溶洞型剩余油的动用效果较连续注气方式差。虽然气水交替注入方式中注入氮气同样能够驱替封隔溶洞内的剩余油，但由于注入氮气量相对较少，其对封隔溶洞内剩余油的波及范围相对较小；气水混注方式驱替范围较小，主要作用于近井地带，不能实现封隔溶洞型剩余油的有效动用，驱替效果较差。

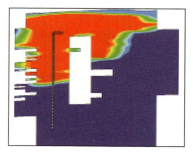

图 3-2-2　典型单井 TK691 井
连续注气数值模型

（2）残丘型剩余油。

TK619CH 井剩余油是典型残丘型剩余油（图 3-2-3），由于残丘的阻挡作用，衰竭开采以及注水开发不能及时地驱替残丘内的剩余油。针对残丘型剩余油模型设计了连续注气、气水交替和气水混注 3 种注气方式（表 3-2-2），3 种注气方式总的注入地下体积相同。

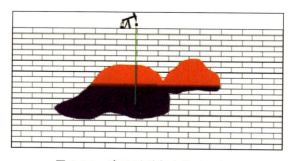

图 3-2-3　残丘型剩余油模型示意图

表 3-2-2　残丘型剩余油 3 种注气方式数值模拟方案

注气方式	注气量/(10⁴ m³)	注水量/m³
连续注气	80	0
气水交替	40	1 208
气水混注	40	1 208

数值模拟研究表明，气水交替注入在补充能量的同时，有效扩大了气体波及范围，提高了驱油效果，是残丘型剩余油模型的最佳注气方式（图 3-2-4）。对比不同注气方式，由于重力分异作用，气体能够运移至残丘，驱替出该部位的剩余油，但采用连续注气方式时氮气波及范围相对较小，驱替效果一般。气水交替注入和气水混注方式在补充油藏能量的同时，

有效扩大了气体波及范围,大范围地驱替了残丘部位的剩余油,形成了较大范围的有效驱替。

（3）水平井上部剩余油。

TK457H 井剩余油是典型水平井上部剩余油（图 3-2-5）。该类型剩余油主要分布于大型岩溶内,由于水平井上部仍有大量的剩余油分布,衰竭开发过程中底水上升,超过水平井的布井位置之后,水平井上部的剩余油就不能有效地被驱替。

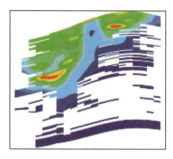
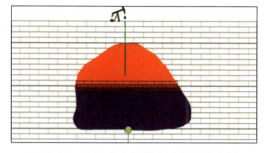

图 3-2-4　典型单井 TK619CH 井气水交替数值模型　　图 3-2-5　水平井上部剩余油模型示意图

基于模型的控制面积和剩余油分布状况,设计了连续注气、气水交替和气水混注 3 种注气方式,见表 3-2-3。

表 3-2-3　水平井上部剩余油 3 种注气方式数值模拟方案

注气方式	注气量/(10^4 m³)	注水量/m³
连续注气	400	0
气水交替	200	6 040
气水混注	200	6 040

在水平井上部剩余油注气开发过程中,注入氮气能够在重力分异的作用下,在水平井上部形成次生气顶,有效地驱替水平井上部剩余油。连续注气方式形成的次生气顶相对较大,驱替面积相对较宽,驱替效果相对较好;气水交替注入后波及范围较大,但溶洞内气水分布复杂,次生气顶较小;气水混注方式驱替面积较小（图 3-2-6）。因此,从驱替范围的角度分析,连续注气方式在水平井上部剩余油模型中的驱替范围最大。

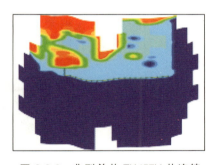

图 3-2-6　典型单井 TK457H 井连续
注气数值模型

针对塔河油田碳酸盐岩缝洞型油藏的 6 类典型单井剩余油模式,综合利用矿场试验效果与数值模拟技术结合的方法,对不同类型剩余油的最优注气方式进行了数值模拟方案对比研究,结果（表 3-2-4）表明,塔河油田缝洞型油藏单井储集空间结构和空间内油水分布特征决定该类油藏需要采用差异化的单井注气方式以实现油井的高效动用。结合单井开发生产特点和剩余油分布模式,建立了单井剩余油类型差异化的最优注气方式。

表 3-2-4　6 类典型单井剩余油类型的最佳注气方式

剩余油类型	最佳注气方式	主要机理
封隔溶洞型	连续注气	注入气有效驱替封隔溶洞型剩余油
残丘型	气水交替	注入水控制氮气流动,稳定驱替前缘
底水封挡型	气水混注	类活塞式驱替
水平井上部	连续注气	形成人工气顶
裂缝型	连续注气	抑制裂缝中的水锥,形成人工气顶
底水未波及	气水交替	注入水扩大气体波及

3.2.2　井组氮气驱注气方式优化

塔河油田缝洞型油藏单元氮气驱开发过程注气方式较为单一,基本以纯氮气驱的注入方式为主,需要进一步完善和优化氮气驱的注气方式。因此,建立不同岩溶类型和剩余油差异化的井组氮气驱注气方式是保证塔河油田氮气驱开发稳产效果的关键方向之一。通过对现有 19 个井区进行剩余油数值模拟研究,基于地质和开发主控因素,提出了 4 类水驱后井间剩余油典型分布模式(即残丘型剩余油、致密层遮挡剩余油、水驱通道两侧剩余油、未井控剩余油),并形成了 4 类剩余油分布模式的最优氮气驱注气方式,实现了塔河油田氮气驱效果的稳定。

1) 残丘型剩余油

塔河油田缝洞型油藏残丘型剩余油主要分布在风化壳部位顶部和井间局部构造高点。其中,岩溶类型抑制的风化壳岩溶是经过海西晚期构造运动引起地层抬升,后经风化剥蚀和大气淋滤作用形成的地表残丘,具有良好的储集空间,后期油气运移、充注、埋存过程中的重力分异作用会促使剩余油在残丘顶部富集(图 3-2-7)。例如塔河主体区 S48 单元T401 井区,井区风化壳部位顶部剩余油富集,井间区域局部构造高点也形成了剩余油富集区(图 3-2-8)。

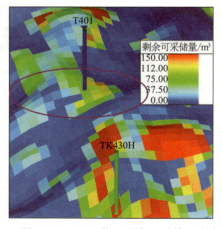

图 3-2-7　T401 井区剩余可采储量分布

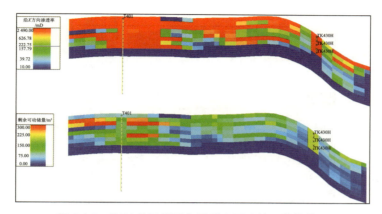

图 3-2-8　T401 井区渗透率及剩余可动储量数值模型

2）致密层遮挡剩余油

塔河油田缝洞型油藏致密层遮挡剩余油主要因溶洞型储集体一般形成上下叠置的洞穴结构。开发过程中纵向上两层洞穴被致密段分隔，流体无法连通，因此平面上会对剩余油产生隔挡作用。一般在致密段底部局部高点易形成剩余油，如 S48 单元 T403 井井周，第 10 层渗透率低，其下剩余油无法向上富集，形成由致密层封隔导致的剩余油富集区（图 3-2-9）。

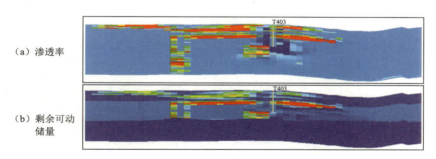

图 3-2-9　致密层遮挡剩余油分布

3）水驱通道两侧剩余油

在注水开发过程中，单元注水随着水线逐渐推进，在油水井间形成优势通道后，注采效果会逐渐变差，最终失效。此剩余油模式也包括受重力分异影响，注入水有向下绕流的趋势，并在阻力较小的底水中单相流动至生产井底，从而形成井间弱驱部位，使剩余油富集。裂缝是缝洞型油藏的主要流动通道，渗透率远高于油藏基质渗透率，因此当注采井间形成一定连通关系时，注采流线主要沿裂缝处分布，裂缝（流线）分隔区域剩余油相对富集（图 3-2-10）。

4）未井控剩余油

缝洞型油藏未井控剩余油包括生产未控制和优势储层未钻遇两种剩余油（图 3-2-11）。该剩余油模式包括以下 4 类：① 由于钻井轨迹未钻遇较好储层位置，导致井筒周边优势储

（a）渗透率　　TK425CH 注、TK410 采

（b）饱和度　　注采井间沿优势通道形成主流线

（c）剩余可动储量　　非主流线方向可动储量规模富集

图 3-2-10　优势通道两侧剩余油

层中剩余油富集。② 油井至一定深度完钻，在其下部有高孔、高渗优势储层，无法有效驱替，形成富集区。③ 当油井钻遇相对封闭的单一溶洞时，由于无法与其他井形成注采对应关系，开发后受重力分异作用，形成顶部剩余油饱和度高于底部剩余油饱和度的单洞型剩余油富集类型。④ 古暗河岩溶储层古暗河区域物性相对较好，在其无井控区域，尤其在盲端部位，储量难以有效动用，剩余油富集。例如 S48 单元 TK410 井，该井钻至 4 505 m 处完井，其下部 4 620 m 以下发育一套优势储层，由于油井未钻穿且基质渗透率极低，几乎无渗流能力，因此该处剩余油接近未动用，剩余可采储量丰富。

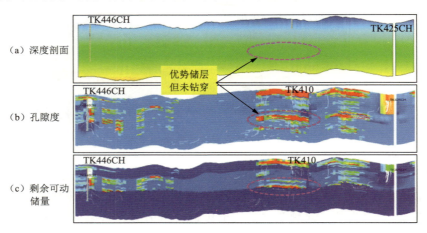

（a）深度剖面

优势储层但未钻穿

（b）孔隙度

（c）剩余可动储量

图 3-2-11　未井控剩余油模式分布图

　　塔河油田缝洞型油藏根据岩溶背景分为风化壳、古暗河、断溶体三类。下面主要统计分析不同岩溶背景井组氮气驱的注入周期、周期注入量、注入方式等。在前期注气验证注采受效井组且有明显增油的基础上，控制注气速度和注气量以保持受效井增油的持续性和稳定性，提高驱油效率。

　　风化壳油藏的模式特点为表层岩溶带、垂向渗滤岩溶带厚度大，断层控制地表河位置及规模；缝洞结构特点为缝洞平面展布、离散分布，溶洞间多向沟通。

截至 2020 年 9 月缝洞型油藏共有 133 个注气井组,统计发现,风化壳油藏平均周期注气量为 $95×10^4$ m³,平均周期注入时间为 366 d,每周期间隔时间为 175 d,如图 3-2-12 和图 3-2-13 所示;古暗河油藏平均周期注气量为 $43×10^4$ m³,平均周期注入时间为 174 d,每周期间隔时间为 269 d;断溶体油藏平均周期注气量为 $23×10^4$ m³,平均周期注入时间为 97 d,每周期间隔时间为 77 d。

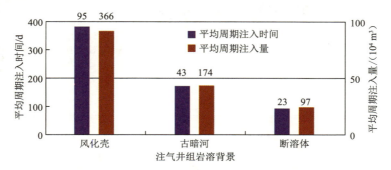

图 3-2-12　3 种岩溶背景井组平均周期注入量和注入时间

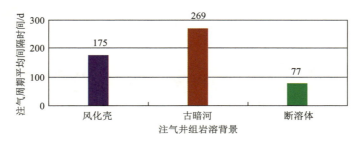

图 3-2-13　3 种岩溶背景井组注气周期平均间隔时间

对风化壳油藏 9 个井组(典型井组为 TK425CH 井组,注采曲线见图 3-2-14)的分析发现,初期普遍采用长周期注入,这是因为储层微裂缝发育,注入量大,波及面积大;中后期采用短周期注入,周期注入量变小,周期间隔增大,主要目的是扩大波及的同时延缓气窜。

古暗河油藏的模式特点为表层岩溶带、垂向渗滤带、径流带发育,断层、古地貌控制地下河规模和走向;缝洞结构特点为空间两套系统组合、局部裂缝纵向沟通,古暗河局部充填分隔。对典型注采曲线(图 3-2-15)分析发现,初期普遍采用周期注气方式,因为储层大裂缝发育,注气周期短,周期注气量小,周期间隔时间长,可建立井间连通,同时防止气窜;中后期采用气水交替注入,注入水可延缓气窜,同时可扩大注入气在微裂缝的运移。

断溶体油藏的模式特点为岩溶缝洞呈板状分布,平面分段、纵向局部分隔;缝洞结构特点为空间一套或两套古暗河系统、古暗河局部充填、平面分隔。由于该类油藏储层断裂发育,存在优势通道,所以采用周期注气量小、周期间隔时间短的气水交替注气方式。小注入量、快频次的气水交替注入方式可充分利用气水协同作用,达到扩大气体波及、延缓气窜的作用。典型注采曲线如图 3-2-16 所示。

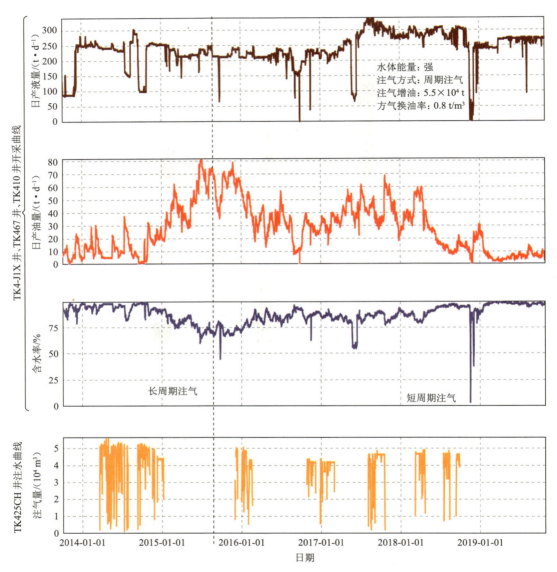

图 3-2-14 风化壳背景井组典型综合注采曲线

（TK425CH 井组，其中 TK4-J1X,TK467,TK410 井为生产井，TK425CH 井为注入井）

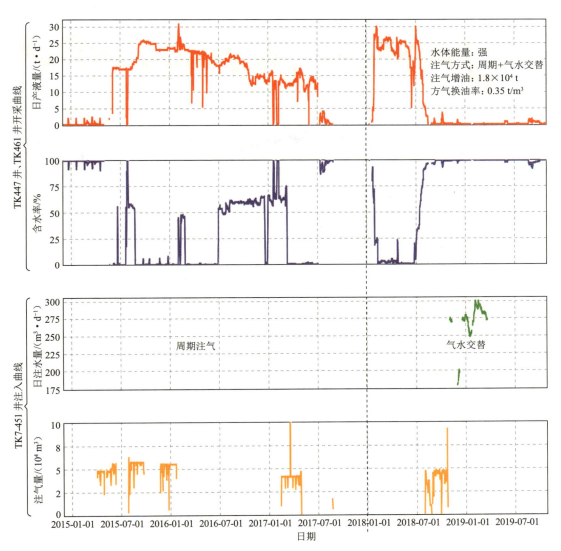

图 3-2-15　古暗河背景井组典型注采曲线

(TK7-451 井组,其中 TK447 和 TK461 井为生产井,TK7-451 井为注入井)

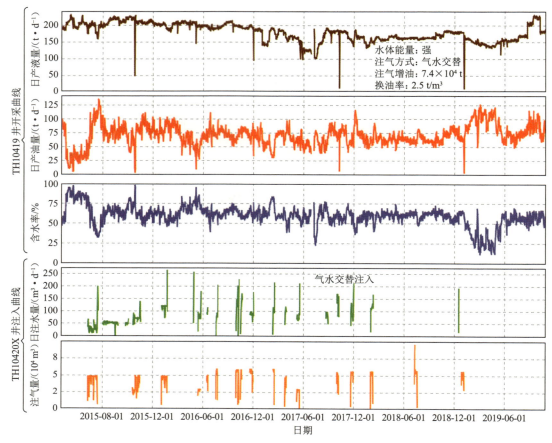

图 3-2-16　断溶体背景井组典型综合注采曲线

（TH10420X 井组，其中 TH10419 井为生产井，TH10420X 井为注入井）

3.3　井网及参数设计

通过对油藏的深刻认识，利用数值模拟技术，结合现场经验，总结了一套缝洞型油藏注氮气井网和参数设计方法。

3.3.1　单井注气参数设计

基于前期划分的 6 种剩余油类型进行单井注气参数设计，分别对注气量、注气速度、注气周期、注采比和焖井时间进行优化设计。

1）注气量优化

下面就封隔溶洞型剩余油、残丘型剩余油、水平井上部剩余油注气量优化展开介绍，其余 3 种剩余油类型的设计方法相同。

（1）封隔溶洞型剩余油。

针对 TK691 井封隔溶洞型剩余油的周期注气量设计了 5 种注入方案：0.1 PV（PV 表示注入孔隙体积倍数），0.2 PV，0.3 PV，0.5 PV 和 0.7 PV。分 5 个轮次分别注入，并模拟这 5 种情况下的增油情况和增油效果（图 3-3-1～图 3-3-3）。

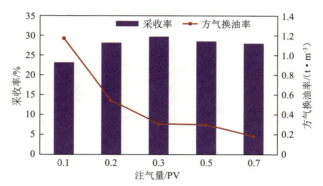

图 3-3-1　不同注气量下的采收率及方气换油率

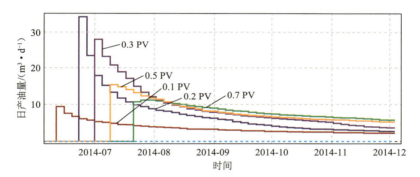

图 3-3-2　封隔溶洞型剩余油不同注气量下的日产油量变化曲线

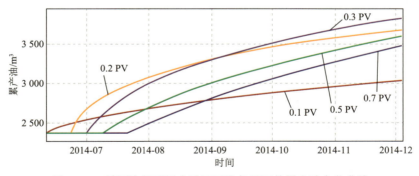

图 3-3-3　封隔溶洞型剩余油不同注气量下的累产油变化曲线

数值模拟结果显示，注气量为 0.2 PV 和 0.5 PV 的两方案采收率接近。但注气量为 0.2 PV 时，方气换油率为 0.53 t/m³，经济效益远优于注气量为 0.5 PV 时的 0.30 t/m³。因此，对于 TK691 井的封隔溶洞型剩余油，最佳注气量为 0.2 PV。

（2）残丘型剩余油。

针对 TK619 井残丘型剩余油的周期注气量设计了 5 种注入方案：0.1 PV，0.2 PV，

0.3 PV,0.5 PV 和 0.7 PV。分 5 个轮次分别注入,并模拟这 5 种情况下的增油情况和增油效果(图 3-3-4～图 3-3-6)。

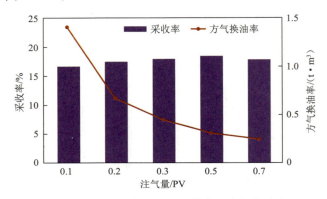

图 3-3-4　不同注气量下的采收率及方气换油率

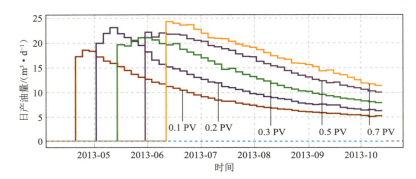

图 3-3-5　不同注气量下的日产油量变化曲线

图 3-3-6　不同注气量下的累产油量变化曲线

数值模拟结果显示,注气量为 0.3 PV 和 0.5 PV 的两方案采收率接近,仅相差 0.4%。但注气量为 0.5 PV 时,方气换油率为 0.28 t/m³,经济效益较差。因此,对于 TK619 井的残丘型剩余油,最佳注气量为 0.3 PV。

（3）水平井上部剩余油。

针对 TK457 井水平井上部剩余油注气量设计了 5 种注入方案:0.1 PV,0.2 PV,

0.3 PV,0.5 PV 和 0.7 PV。分 5 个轮次分别注入,并模拟这 5 种情况下的增油情况和增油效果(图 3-3-7~图 3-3-9)。

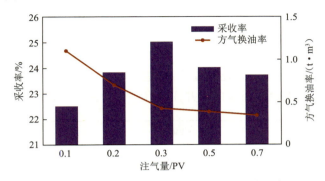

图 3-3-7 不同注气量下的采收率及方气换油率

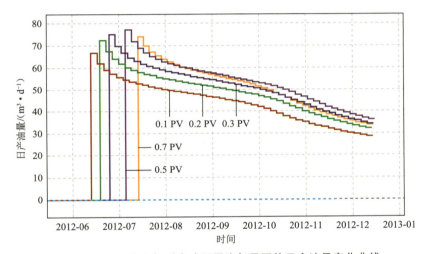

图 3-3-8 水平井上部剩余油不同注气量下的日产油量变化曲线

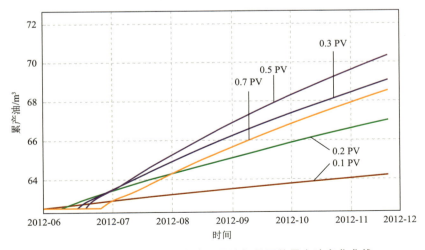

图 3-3-9 水平井上部剩余油不同注气量下的累产油变化曲线

数值模拟结果显示,注入量为 0.3 PV 时,采收率最高;注气量高于 0.3 PV 时,方气换油率为 0.42,经济效益适中。因此,对于 TK457 井的水平井上部剩余油,最佳注气量为 0.3 PV。

针对不同剩余油设计注气量优化正交方案,结果表明,单井注氮气合理注气量为 0.3 PV和 0.5 PV,其中残丘型剩余油注气量最大。同时根据储量(0.50 PV,0.75 PV,1.00 PV,1.25 PV,1.50 PV)与注气量的合理配置关系,建立单井注氮气量优化图版(图 3-3-10),根据此图版可快速对 6 种剩余油类型的单井注氮气井进行注气量设计。

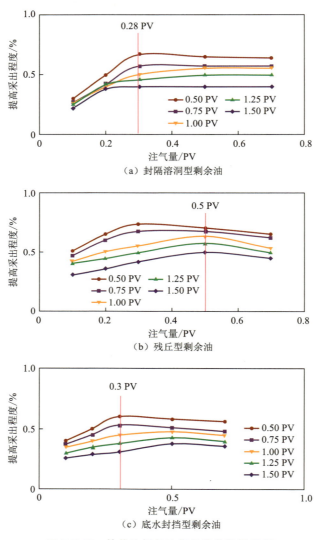

图 3-3-10　单井注氮气注气量优化设计图版

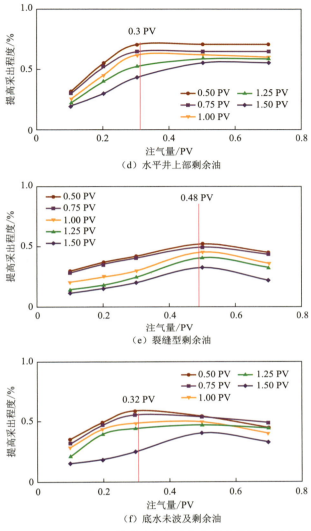

（d）水平井上部剩余油

（e）裂缝型剩余油

（f）底水未波及剩余油

图 3-3-10(续)　单井注氮气注气量优化设计图版

2）注气速度优化

合理的单井注气速度可以延缓气窜、提高波及体积，因此设计正交方案，优化出每种剩余油模型不同储量规模和注入速度优化图版。针对 6 种剩余油分布模型，进行注气速度优化，建立不同储量规模下的最优注气速度优化图版，针对气水交替和气水混注注气方式，优化注水量。具体设计见表 3-3-1。

表 3-3-1　不同注入方式设计

剩余油类型	井　名	注入方式	设计注入速度
封隔溶洞型剩余油	TK691	连续注气	2×10^4 m³/d，4×10^4 m³/d，6×10^4 m³/d，8×10^4 m³/d，10×10^4 m³/d
残丘型剩余油	TK619CH	气水交替	注水速度：30 m³/d，150 m³/d

续表 3-3-1

剩余油类型	井　名	注入方式	设计注入速度
底水封挡型剩余油	TK744	气水混注	注水速度：30 m³/d,150 m³/d
水平井上部剩余油	TK457H	连续注气	5×10^4 m³/d,10×10^4 m³/d,15×10^4 m³/d, 20×10^4 m³/d,30×10^4 m³/d
裂缝型剩余油	TK678	连续注气	2×10^4 m³/d,4×10^4 m³/d,6×10^4 m³/d, 8×10^4 m³/d,10×10^4 m³/d,15×10^4 m³/d
底水未波及型剩余油	TK622	气水交替	注水速度：30 m³/d,150 m³/d

（1）封隔溶洞型剩余油。

针对 TK691 井封隔溶洞型剩余油的注气速度设计了 5 种注入方案：2×10^4 m³/d,4×10^4 m³/d,6×10^4 m³/d,8×10^4 m³/d,10×10^4 m³/d,并模拟这 5 种情况下的生产情况以及增油效果（图 3-3-11 和图 3-3-12）。

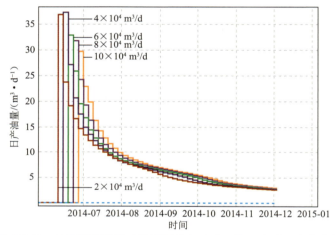

图 3-3-11　封隔溶洞型剩余油不同注气速度下的日产油量变化曲线

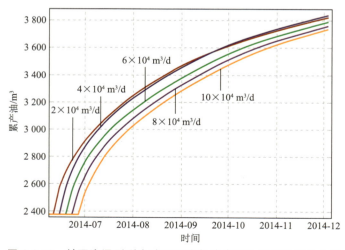

图 3-3-12　封隔溶洞型剩余油不同注气速度下的累产油变化曲线

　　数值模拟结果显示,对于 TK691 井封隔溶洞型剩余油,当注气速度为 4×10^4 m³/d 时,其累产油量最高,为 3 848 m³,因此 TK691 井最佳注气速度为 4×10^4 m³/d。

　　(2)残丘型剩余油。

　　针对 TK619 井残丘型剩余油的注气速度设计了 5 种注入方案:2×10^4 m³/d,4×10^4 m³/d,6×10^4 m³/d,8×10^4 m³/d,10×10^4 m³/d,模拟这 5 种情况下的生产情况以及增油效果(图 3-3-13 和图 3-3-14)。

　　数值模拟结果显示,对于 TK619 井残丘型剩余油,当注气速度为 6×10^4/d 时,其累产油量最高,为 9 582 m³,因此 TK619 井最佳注气速度为 6×10^4/d。

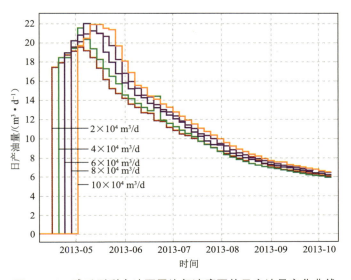

图 3-3-13　残丘型剩余油不同注气速度下的日产油量变化曲线

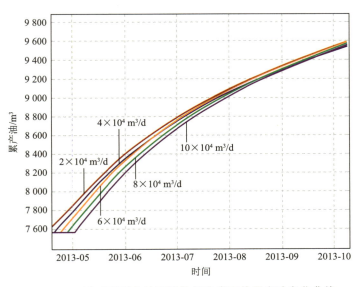

图 3-3-14　残丘型剩余油不同注气速度下的累产油变化曲线

（3）水平井上部剩余油。

针对 TK457 井水平井上部剩余油的注气速度设计了 5 种注入方案：5×10^4 m³/d，10×10^4 m³/d，15×10^4 m³/d，20×10^4 m³/d，30×10^4 m³/d，模拟这 5 种情况下的生产情况以及增油效果（图 3-3-15 和图 3-3-16）。

数值模拟结果显示，对于 TK457 井水平井上部剩余油，当注气速度为 10×10^4/d 时，其累产油量最高，为 67 521 m³，因此 TK457 井最佳注气速度为 10×10^4/d。

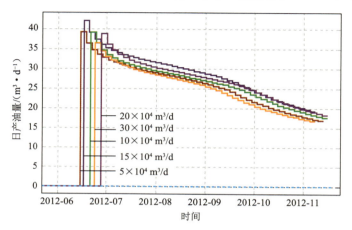

图 3-3-15　水平井上部剩余油不同注气速度下的日产油量变化曲线

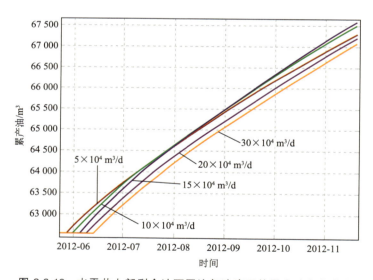

图 3-3-16　水平井上部剩余油不同注气速度下的累产油变化曲线

在上述 3 种剩余油模型最佳注气速度基础上完成了其余 3 种剩余油模型对应的最佳注气速度。为了进一步在现场推广应用，优化了相同缝洞组合模式下不同储量规律对应的最佳注气速度（表 3-3-2），形成了每个缝洞组合模式下的注气速度优化图版（图 3-3-17），依据该图版可实现不同剩余油类型单井注气井注气速度的快速设计。

表 3-3-2　不同剩余油分布类型最佳注气速度

剩余油类型	井　名	注入方式	最佳注气速度
封隔溶洞型剩余油	TK691	连续注气	6×10^4 m³/d
残丘型剩余油	TK619CH	气水交替	6×10^4 m³/d,快速注水
底水封挡型剩余油	TK744	气水混注	7×10^4 m³/d,快速注水
水平井上部剩余油	TK457H	连续注气	10×10^4 m³/d
裂缝型剩余油	TK678	连续注气	4×10^4 m³/d
底水未波及型剩余油	TK622	气水交替	10×10^4 m³/d,快速注水

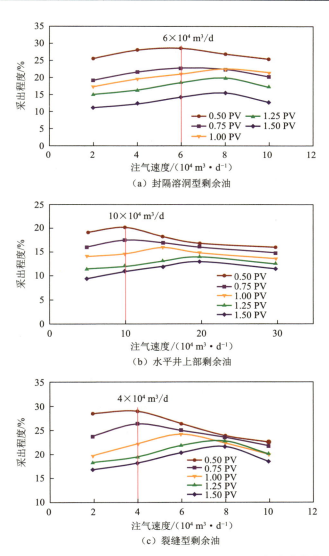

图 3-3-17　相同缝洞组合模式不同储量规模对应的注气速度优化图版

注气速度图版优化结果显示:随着储量规模的增大,最佳注气速度变大。主要原因是随着储量规模的增大,需要快速注入气体补充地层能量,扩大气体波及体积,快速建立人工气顶,实现注气替油,从而达到提高采收率的目的。

在连续注气方式下,适当加快注气速度可以改善气驱效果;在气水交替或气水混注方式下,注入水对气驱波及的影响相对较大,快速注水有利于扩大氮气波及范围,而低速注水后氮气分布相对集中。

3)注气周期优化

合理的焖井时间可使注入气与地层原油充分置换。设计正交方案,优化出每种剩余油模型不同储量规模和注采周期优化图版。针对注气周期问题,设计了 3 种开发模式,5 个开发方案。

通过对比同一剩余油模型中不同注气周期下方气换油率指标(图 3-3-18),得到 6 种剩余油模式下的最佳注气周期(表 3-3-3)。

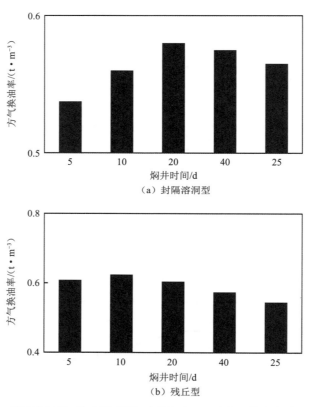

图 3-3-18 封隔溶洞型、残丘型、裂缝型剩余油不同注气周期方气换油率对比图

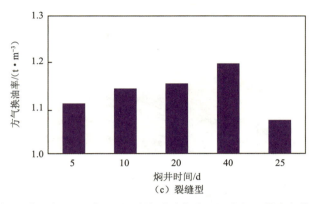

图 3-3-18(续)　封隔溶洞型、残丘型、裂缝型剩余油不同注气周期方气换油率对比图

表 3-3-3　6 种剩余油类型最佳注气周期

剩余油类型	注气周期	注入时间/d	停注时间/d
封隔溶洞型剩余油	短注长停	10	20
残丘型剩余油	短注长停	10	20
底水封挡型剩余油	短注长停	10	20
水平井上部剩余油	短注长停	20	40
裂缝型剩余油	短注长停	10	20
底水未波及型剩余油	短注长停	10	20

不同注气周期下的含气饱和度分布如图 3-3-19 所示。从图中可以看出：

（1）对于注入时间，长注利于驱替近井地带剩余油，短注利于注入气快速突破，在远端形成自身气顶。

（2）停注时间过短，不利于氮气的重力分异作用，注入气易在近井端聚集，开井后大量气体回窜，形成无效注气；停注时间过长，生产效率较低。数值模拟结果显示，停注时间一般以 20～25 d 为宜。

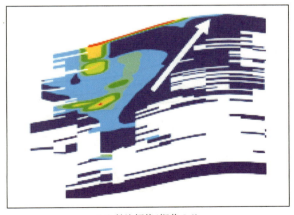

（a）长注短停（焖井 5 d）

图 3-3-19　不同注气周期含气饱和度分布图

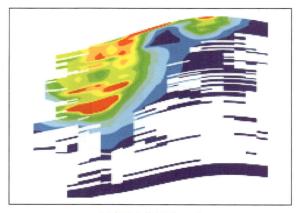

（b）短注长停（焖井 25 d）

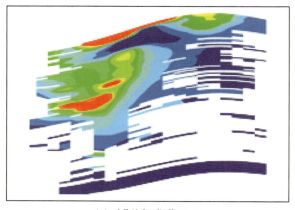

（c）对称注气（焖井 20 d）

图 3-3-19（续）　不同注气周期含气饱和度分布图

通过数值模拟完成了 6 种剩余油模型对应的最佳注气周期优化研究。为了进一步在现场推广应用,优化了相同缝洞组合模式下不同储量规模的最佳注气周期,形成了每个缝洞组合模式下的注气周期优化图版,依据此图版可快速开展 6 种剩余油类型单井注气井的最佳注气周期设计(图 3-3-20)。

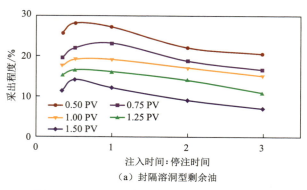

（a）封隔溶洞型剩余油

图 3-3-20　不同剩余油类型注气周期优化图版

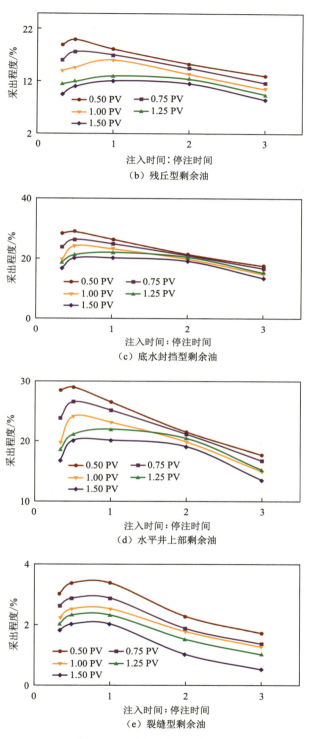

（b）残丘型剩余油

（c）底水封挡型剩余油

（d）水平井上部剩余油

（e）裂缝型剩余油

图 3-3-20(续)　不同剩余油类型注气周期优化图版

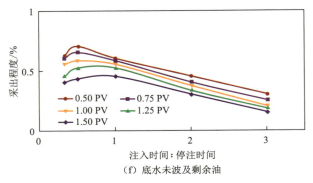

（f）底水未波及剩余油

图 3-3-20(续)　不同剩余油类型注气周期优化图版

　　优化图版显示,6 种剩余油模型下短注长停有利于注入氮气在远端形成自身气顶,有效驱替远端剩余油,短注长停效果普遍优于长注短停和对称注气。

　　4）注采比优化

　　最优注采比与不同剩余油类型的缝洞结构、能量大小有重要关系。在基于上述参数优化的基础上,对注采比进行模拟优化,并形成一套最优注采比图版,如图 3-3-21 所示。依据此图版可快速展开不同剩余油类型单井注气井的最佳注采比设计。

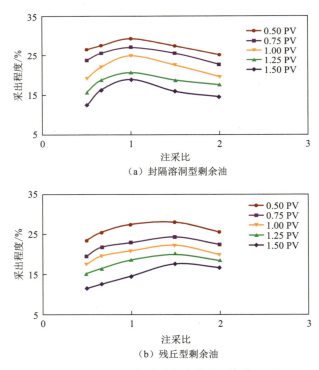

（a）封隔溶洞型剩余油

（b）残丘型剩余油

图 3-3-21　不同类型剩余油注采比优化图版

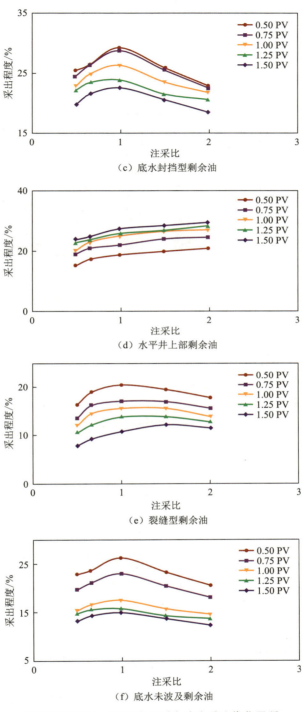

（c）底水封挡型剩余油

（d）水平井上部剩余油

（e）裂缝型剩余油

（f）底水未波及剩余油

图 3-3-21(续)　不同类型剩余油注采比优化图版

5）焖井时间优化

（1）封隔溶洞型剩余油。

针对 TK691 井封隔溶洞型剩余油的焖井时间,设计 5 种方案:10 d,15 d,20 d,25 d,30 d,模拟这 5 种情况下的生产情况和增油效果(图 3-3-22～图 3-3-24)。

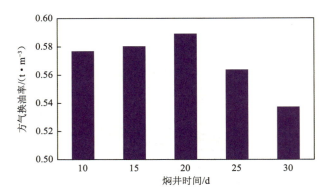

图 3-3-22　封隔溶洞型剩余油不同焖井时间方案效果对比

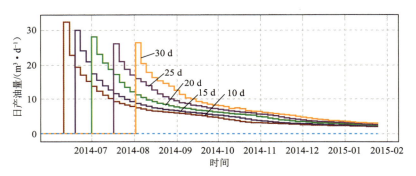

图 3-3-23　封隔溶洞型剩余油不同焖井时间下的日产油量变化曲线

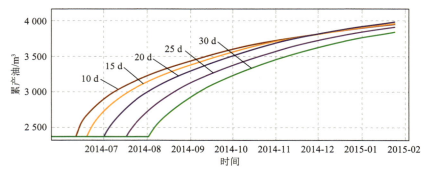

图 3-3-24　封隔溶洞型剩余油不同焖井时间下的累产油变化曲线

数值模拟结果显示,当焖井时间为 20 d 时,采收率最高,为 27.04%,方气换油率约为 0.59 t/m³,可获得较好的经济效益。

（2）残丘型剩余油。

针对 TK619 井残丘型剩余油的焖井时间，设计 5 种方案：10 d，15 d，20 d，25 d，30 d，模拟这 5 种情况下的生产情况和增油效果（图 3-3-25～图 3-3-27）。

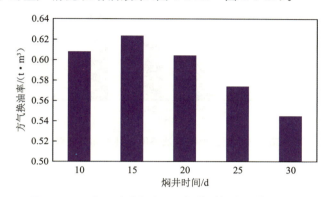

图 3-3-25　残丘型剩余油不同焖井时间方案效果对比

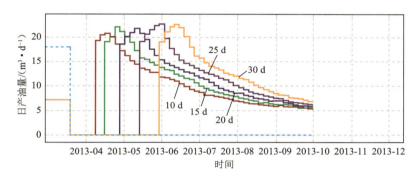

图 3-3-26　残丘型剩余油不同焖井时间下的日产油量变化曲线

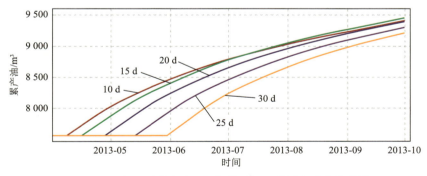

图 3-3-27　残丘型剩余油不同焖井时间下的累产油变化曲线

数值模拟结果显示，当焖井时间为 15 d 时，采收率最高，为 19.32%，方气换油率约为 0.625 t/m³，可获得较好的经济效益。

（3）水平井上部剩余油。

针对 TK745 水平井上部剩余油的焖井时间，设计 5 种方案：10 d，15 d，20 d，25 d，30 d，模拟这 5 种情况下的生产情况和增油效果（图 3-3-28～图 3-3-30）。

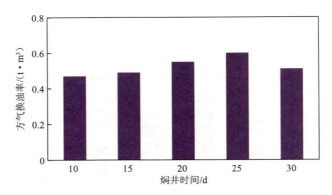

图 3-3-28 水平井上部剩余油不同焖井时间方案效果对比

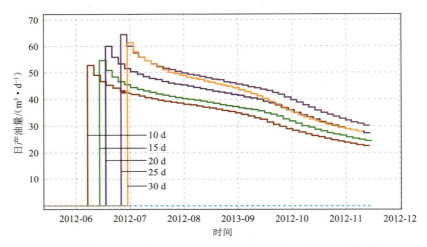

图 3-3-29 水平井上部剩余油不同焖井时间下的日产油量变化曲线

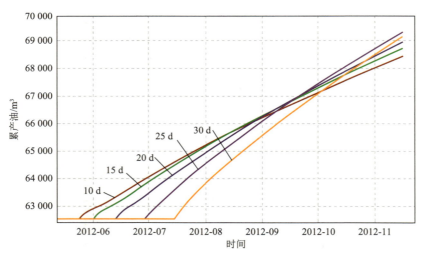

图 3-3-30 水平井上部剩余油不同焖井时间下的累产油变化曲线

数值结果模拟显示,当焖井时间为 25 d 时,采收率最高,为 25.76%,此时方气换油率为 0.60 t/m³,可获得较好的经济效益。

3.3.2　不同岩溶背景注气井网构建

1) 风化壳岩溶背景

风化壳岩溶背景的油藏特点表现为表层发育大规模岩溶带,垂向渗滤岩溶带厚度大,通过断层控制地表河的位置及规模;缝洞结构呈平面展布、离散分布的特点,溶洞间发育多向沟通的缝洞结构;井网表现为"似蜂巢"的不规则井网,具有多向对应、网状连接的特征。

针对风化壳岩溶背景油藏储集体的发育特点,在前期水驱开发过程中,水驱主要动用的是井间低部位储集体,而井间高部位储集体动用程度较低,因此沿着高部位部署注气井,可以提高气驱井网对缝洞体的控制程度。优先考虑沿水驱受效方向部署井网,在利用已有连通性的同时,可实现气驱井网对缝洞体的有效动用。因此,风化壳岩溶井网构建遵循高注低采、一注多采、井间潜力明确的构建原则,采用周期气驱的方式,目的是提高"表层岩溶带"中水驱未/低波及剩余油的动用。以 S48 单元为例,在高部位部署 T402 注气井,3 口邻井受效,实现了气驱井网的有效动用(图 3-3-31 和图 3-3-32)。

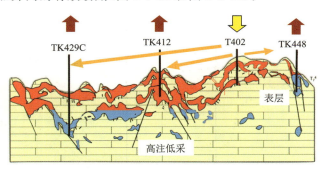

图 3-3-31　风化壳岩溶井网构建平面分布示意图

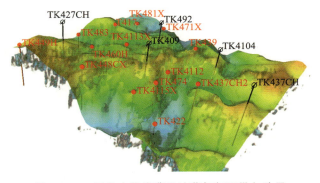

图 3-3-32　风化壳岩溶背景油藏氮气驱纵向动用

2）古暗河岩溶背景

古暗河岩溶背景的油藏发育表层岩溶带,同时发育垂向渗滤和径流岩溶带,由断层、古地貌特征控制地下河的规模和走向,缝洞结构表现出空间两套系统,且局部裂缝纵向沟通,古暗河局部充填分隔。因此,建立"分支注河道采,高注低采"的注气井网,能更好地动用井间储集体。以 TK666 井组为例,TK666 井注气,邻井 TK602,TK625 和 TK667 井受效。TK666 井位于分支河道上,3 口受效井位于主河道上,井间发育表层岩溶,垂向渗滤形成径向溶蚀,分频属性显示存在上下两套储集体,前期水驱受效方向明确(图 3-3-33 和图 3-3-34)。

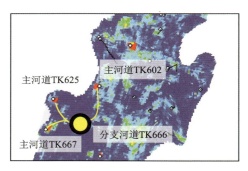

图 3-3-33　TK666 井组水驱后剩余油分布

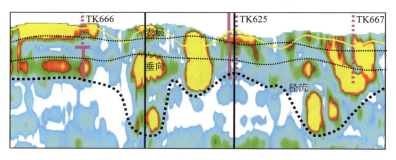

图 3-3-34　TK666 井组纵向岩溶带划分示意图

古暗河岩溶背景油藏的井间连通性明确,前期水驱动用程度相对较低,沿水驱受效方向在主河道上部署井网,采用气水交替的注气方式,可以更好地提高对缝洞体的有效动用。

古暗河岩溶背景油藏气驱井网的部署原则为:主河道或者分支河道上静、动态连通性明确,水驱动用低的注采井组;部署高注低采的注气井网,动用表层岩溶带-垂向渗滤带区域剩余油;优选气水交替的注气方式,最大限度地动用井间剩余油。

3）断溶体岩溶背景

断溶体油藏缝洞沿着断裂走向分布,呈现平面分段、纵向局部分隔的特点,缝洞结构纵向分段明显,同时发育表层溶蚀带和中深层古暗河,平面、纵向连通表现出非均质性,一般建立"高注低采、边注核采"的气驱井网(图 3-3-35)。以 S80 单元(图 3-3-36)为例,结合储集体沿断裂发育的特征,单元部署 5 口注气井,构建边注核采或高注低采的注采井网,采用周期气水交替驱,延缓气窜提高气驱效果。

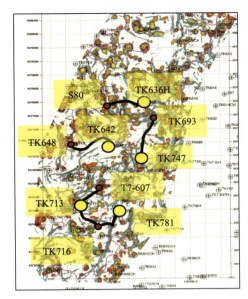

图 3-3-35 S80 单元断溶体线状井网

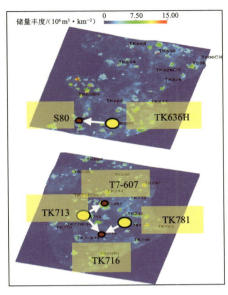

图 3-3-36 S80 单元南、北部剩余储量丰度

断溶体油藏气驱井网部署原则为:采用高注低采/边注核采的注采方式;选择多周期、小规模气驱的方式;由于断溶体油藏普遍发育裂缝,动、静态连通性很好,为避免气窜,采取气水交替的方式注入,最大限度地动用井间储集体(图 3-3-37)。

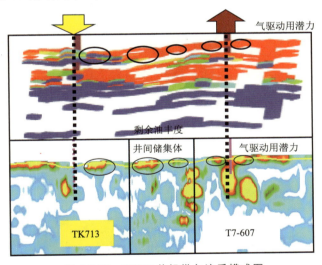

图 3-3-37 TK713 井组纵向注采模式图

针对上述三类地质目标,依据水驱后的剩余油分布特征和储集体形态,提出了构建面积井网(图 3-3-38)、网状井网(图 3-3-39)、线状井网(图 3-3-40)等差异化气驱注采井网,其构建原则汇总于表 3-3-4 中。

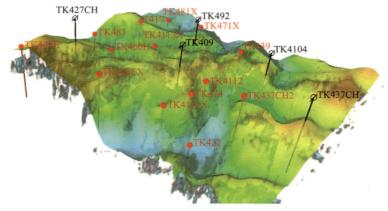

图 3-3-38 风化壳油藏面积井网

⌀ 注入井；● 生产井

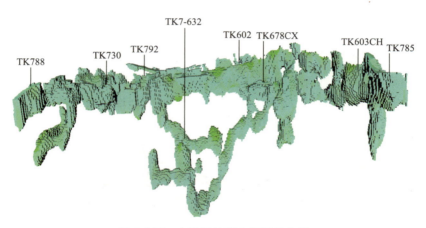

图 3-3-39 古暗河油藏空间网状井网

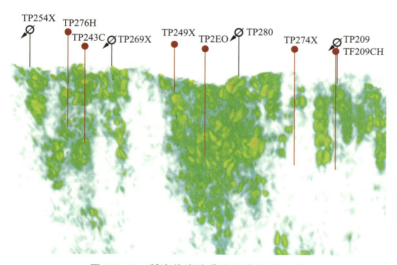

图 3-3-40 断溶体岩溶背景油藏线状井网

表 3-3-4　三大岩溶背景井网构建原则

油藏目标	风化壳油藏	古暗河油藏	断溶体油藏
储集体展布形态	连片分布	条带状展布	沿断裂发育
剩余油分布特征	水驱剩余油普遍分布,受局部残丘控制	水驱剩余油分布在主河道,受河道岩溶发育程度控制	水驱剩余油分布在断裂核部,受断裂发育程度控制
注采关系	高注低采	分支注河道采	边注核采
注采井网	面积井网	网状井网	线状井网
典型示范单元	S48 单元、S65 单元	S67 单元、S80 单元	T705 单元、S86 单元

3.3.3　不同岩溶背景注气参数设计

塔河油田 3 个典型岩溶背景井组单元经过了试采期、上产期、递减期、注水期和注气期 5 个开发阶段,目前剩余油分布呈现纵向上主要分布于油藏中高部位、平面上主要分布于井间以及未布井部位的特征。结合储量丰度与注采关系,针对三大岩溶背景井组的剩余油分布特点,建立适用于油藏特点的注采井网,开展不同阶段井组氮气驱注气技术政策研究(图 3-3-41),优化注采参数,指导现场生产。

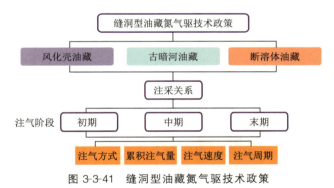

图 3-3-41　缝洞型油藏氮气驱技术政策

3.3.3.1　S67 单元氮气驱技术政策研究

S67 单元属于古暗河岩溶背景井组,前期研究表明其适合建立"分支注河道采、高注低采"的注采井网。结合水驱后剩余油主要分布于油藏中高部位井间的特点,设计"河道注分支采"与"分支注河道采"两套注采井网方案。

1)注采井网研究

S67 单元经过了试采期、上产期、递减期、注水期、注气期 5 个开发阶段,目前剩余油分布呈现纵向上主要分布于油藏中高部位,平面上主要分布于井间以及未布井部位的特征。

结合目前剩余油分布情况以及储量丰度和注采关系,考虑采用连续注气驱油方法,建立两套注气井网设计方案(表 3-3-5),即河道注分支采和分支注河道采(图 3-3-43)。

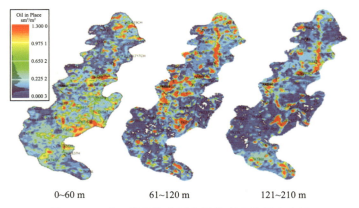

0~60 m   61~120 m   121~210 m

图 3-3-42 S67 单元注水后各层位剩余储量丰度图

表 3-3-5 S67 单元注采关联井组表

河道注分支采		分支注河道采	
注入井	受效井数/口	注入井	受效井数/口
TK7-619CH	3	TK625	2
TK643	5	TK644	1
TK644CH	2	TK647	4
TK691	6	TK649	5
TK7-631	5	TK7-622	3
TK765CH	3	TK711	3

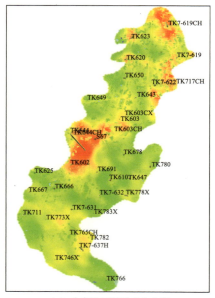

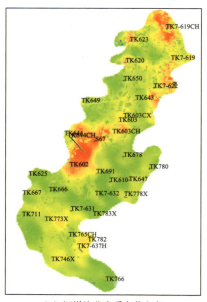

（a）分支注河道采布井方案   （b）河道注分支采布井方案

图 3-3-43 S67 单元注采井网方案设计图

从增油效果角度（图 3-3-44）分析，分支注河道采方案较河道注分支采方案日产油量高，注气后生产初期日产油量可达 601.14 m³/d，而同期河道注分支采方案日产油量仅490.25 m³/d。一个周期内，分支注河道采方案较河道注分支采方案累计多产油 1.62%。

S67 单元数值模拟结果（图 3-3-44 和图 3-3-45）显示，河道注分支采方案有 24 口受效井、6 个明显关联受效井组；分支注河道采方案受效井相对较少，有 19 口受效井、5 个明显关联受效井组。河道注分支采方案受效井数多，但增油效果相对较差，而分支注河道采方案受效井数少，但增油效果好，说明单井增油量更多。这主要是因为河道溶蚀孔洞发育，剩余油丰度高，受效井累产油量多。

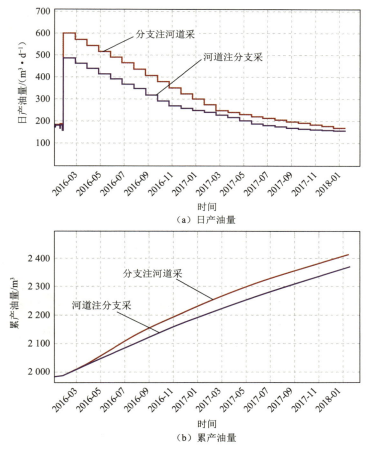

（a）日产油量

（b）累产油量

图 3-3-44　S67 单元生产对比曲线

由于两种方案的设计注气量相同，注气成本一致，因此 S67 单元宜采用分支注河道采方案以获得更大的经济效益。

2）注气方式研究

随着注气井组的增加，由现场注气试验发现，注气受效的阶段不同，注采参数是有差异的。因此，针对注气的初期、中期、末期分别设计了周期注气、气水混注和气水交替注入 3 种方式（表 3-3-6）。数值模拟结果（图 3-3-46 和图 3-3-47）显示，注气初期，采用周期注气方式，注入气体运移速度更快，沿优势通道建立井间连通；注气中末期，采用气水交替注入方

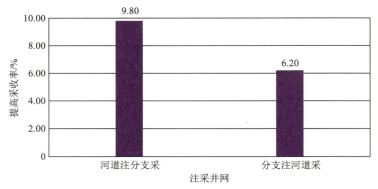

图 3-3-45　古暗河背景井组注采井网提高采收率对比图

式,注入水可减缓气体运移速度,扩大气体波及范围,部分注入水起到驱油作用,增加低部位驱油效果。

表 3-3-6　古暗河岩溶背景井组不同阶段注入方式设计方案

注气初期			注气中期			注气末期		
方案1	方案2	方案3	方案1	方案2	方案3	方案1	方案2	方案3
周期注气	气水混注	气水交替	周期注气	气水混注	气水交替	周期注气	气水混注	气水交替

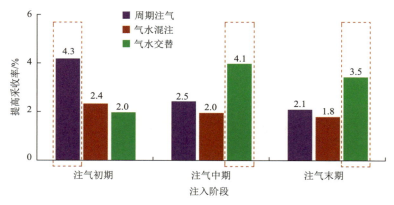

图 3-3-46　古暗河岩溶背景井组不同阶段注入方式优化结果

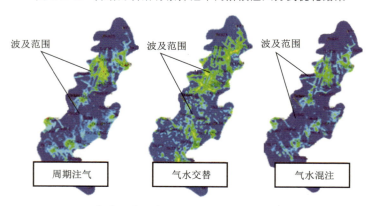

图 3-3-47　古暗河岩溶背景井组不同注入方式氮气波及范围

3）注气速度研究

针对注气的初期、中期、末期分别设计了 4 种注气速度,即 $3×10^4$ m³/d,$5×10^4$ m³/d,$8×10^4$ m³/d 和 $10×10^4$ m³/d。古暗河岩溶背景井组不同阶段注气速度优化结果为:注气初期最佳注气速度为 $(5～8)×10^4$ m³/d,中末期最佳注气速度为 $(3～5)×10^4$ m³/d;注气速度达到 $8×10^4$ m³/d 后,受效井数和提高采收率不再增加(图 3-3-48 和图 3-3-49)。这主要是因为前期注气速度高,快速建立井间连通,中末期低速注入,扩大波及,延缓气窜。

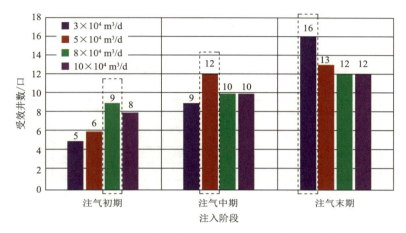

图 3-3-48　古暗河岩溶背景井组不同阶段注气速度受效井对比图

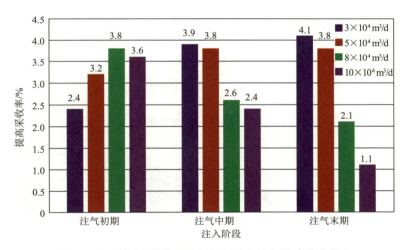

图 3-3-49　暗河岩溶背景井组不同阶段注气速度优化结果

4）注气总量研究

利用数值模拟技术优化古暗河岩溶背景油藏氮气驱注气量,最佳注气量为 0.2 PV(控制储量),如图 3-3-50～图 3-3-52 所示。注气量在 0.2 PV 以下时,随着注气量的增大,气体波及范围增大,驱替效果增强;注气量大于 0.2 PV 后,随着注气量的增大,气体波及范围基本不变,注入氮气沿裂缝突破速度加快。限制氮气波及范围的核心原因是储集体的发育特点。

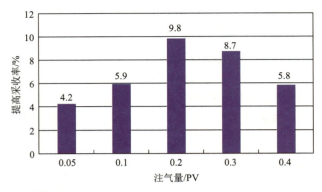

图 3-3-50　古暗河岩溶背景井组不同注气量提高采收率对比图

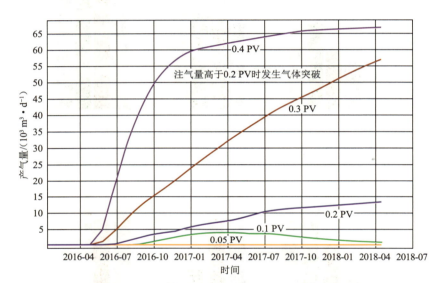

图 3-3-51　TK691 井组不同注气量时的产气量

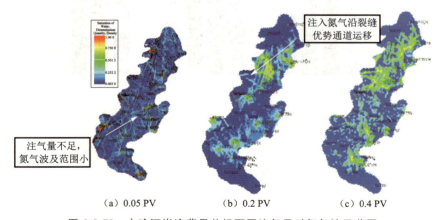

（a）0.05 PV　　　　（b）0.2 PV　　　　（c）0.4 PV

图 3-3-52　古暗河岩溶背景井组不同注气量时氮气波及范围

5）周期注气量研究

根据现场注气井的注入能力和受效井产出状况,古暗河岩溶背景注气井组平均周期注气量为 174×10^4 m³。针对 S67 单元不同注气阶段,分别设计不同注气量方案,即 100×10^4 m³,150×10^4 m³,200×10^4 m³,300×10^4 m³,见表 3-3-7。数值模拟结果(图 3-3-53)显示,注气初期最佳周期注气量为$(200 \sim 300) \times 10^4$ m³,中期最佳注气量为 200×10^4 m³ 左右,末期最佳注气量低于 100×10^4 m³。

表 3-3-7　古暗河岩溶背景井组不同注气阶段周期注气量优化

方案序号	注气初期				注气中期				注气末期			
	方案1	方案2	方案3	方案4	方案1	方案2	方案3	方案4	方案1	方案2	方案3	方案4
周期注气量 /(10^4 m³)	100	150	200	300	100	150	200	300	100	150	200	300

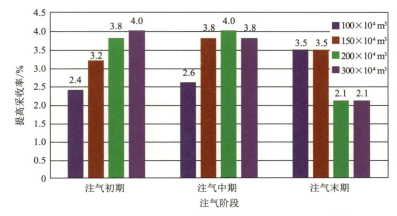

图 3-3-53　古暗河岩溶背景井组不同阶段周期注气量提高采收率对比图

6）注气周期研究

根据现场试验统计结果,暗河岩溶背景井组平均注气时间为 45 d 左右。分别设计 4 种注停周期,并设计不同注气阶段的正交方案(表 3-3-8)。数值模拟结果(图 3-3-54)表明:

(1) 相同注气量和停注时间,最佳注气时间为 40~50 d。

(2) 短注长停注气周期优于对称注气效果。注气初期最佳注停时间比为 1:3,中后期最佳注停时间比为 1:5~1:8。

表 3-3-8　不同注气阶段注停时间比优化方案

注气阶段	注停时间比			
	方案1	方案2	方案3	方案4
注气初期	对称注气 1:1	短注长停 1:3	短注长停 1:5	短注长停 1:8
注气中期	对称注气 1:1	短注长停 1:3	短注长停 1:5	短注长停 1:8
注气末期	对称注气 1:1	短注长停 1:3	短注长停 1:5	短注长停 1:8

注:对称注气 1:1 的方案是指注 45 d 停 45 d 为一个注气周期。

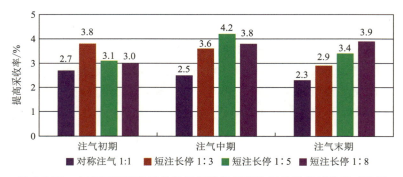

图 3-3-54　古暗河岩溶背景井组不同阶段周期注气量提高采收率对比图

3.3.3.2　S48 单元氮气驱技术政策研究

S48 单元为风化壳岩溶背景油藏井组,其氮气驱技术政策为:

(1)针对注水开发的多井缝洞单元,优先选择连通性好、采出程度高、注水效果变差且剩余油富集的单元实施注氮气驱油试验;

(2)按照"高部位低部位相结合,尽量使油井有多向对应,整体部署、工艺配套、全面评价"的原则进行注气方案设计;

(3)根据注采平衡和保持地层压力需要设计多井单元井组注采参数。

1)注采井网研究

风化壳岩溶背景油藏地质特征显示储集体连片分布、规模大,沿构造高部位或水驱受效方向构建面积井网,实现平面上多向驱替、纵向上有效驱替。注气井优选注水失效井,且能够实现一注多采。

为了优化单元注氮气注采井网,选择位于单元不同部位的注气井,构成高部位注气、低部位注气、高低部位结合注气 3 类注采井网方案。T402 井、T401 井、TK4-J1X 井位于单元高部位,TK425CH 井、TK411 井、TK412 井位于单元低部位。从目前生产层段来看,这些井生产层段与构造高低相匹配,优选作为方案的注气井(表 3-3-9、图 3-3-55～图 3-3-59)。

表 3-3-9　注采井基础数据表

井　号	完钻井深 /m	T_2^4深度 /m	放空漏失层段 /m	目前生产层段 /m	目前生产层段距 T_2^4距离 /m
S48	5 370.00	5 363.50	5 362.30～5 370.00(0～6.50)	5 363.00～5 370.00	0～6.50
T401	5 580.00	5 367.50		5 367.50～5 580.00	0～212.50
T402	5 602.00	5 358.50	5 372.00～5 377.00(13.50～18.50) 5 565.00～5 569.00(207.40～210.50)	5 358.50～5 586.80	0～228.30
TK4-J1X	5 400.21	5 351.00	5 423.95～5 462.85(10.10～49.20)	5 351.00～5 400.21	0～49.21

续表 3-3-9

井　号	完钻井深 /m	T_7^4深度 /m	放空漏失层段 /m	目前生产层段 /m	目前生产层段距 T_7^4距离 /m
TK408	5 600.00	5 410.00		5 410.00～5 447.79	0～37.79
TK410	5 520.00	5 400.00		5 400.00～5 464.13	0～64.13
TK411	5 622.00	5 432.50		5 432.50～5 621.80	0～189.30
TK412	5 460.47	5 381.00	5 460.47(79)	5 381.00～5 383.74	0～2.74
TK421CH	5 489.02	5 437.50		5 437.50～5 510.95	0～73.45
TK424CH	5 487.14	5 453.50	5 512.90～5 503.60(72.90～63.60)	5 453.50～5 537.71	0～84.21
TK425CH	5 426.58	5 436.00		5 435.00～5 504.03	0～34.56
TK426CH	5 481.25	5 488.20		5 480.85～5 488.20	0～7.34
TK429CX	5 577.47	5 418.50		5 424.00～5 428.00	0～4.00
TK440	5 596.85	5 378.00		5 378.00～5 593.70	0～215.75
TK448CX	5 539.39	5 395.00		5 395.00～5 473.00	0～78.00
TK486	5 620.00	5 395.50	5 581.00(185.50)	5 395.50～5 446.09	0～50.59
TK464	5 661.90	5 468.50		5 464.39～5 515.80	0～47.30
TK467	5 480.00	5 393.00		5 383.41～5 410.00	0～26.59

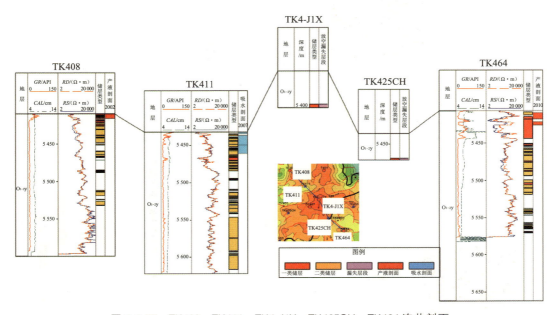

图 3-3-55　TK408—TK411—TK4-J1X—TK425CH—TK464 连井剖面

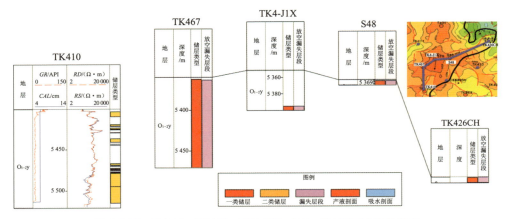

图 3-3-56 TK410—TK467—TK4-J1X—S48—TK426CH 连井剖面

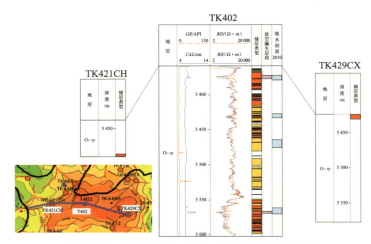

图 3-3-57 TK421CH—T402—TK429CX 连井剖面

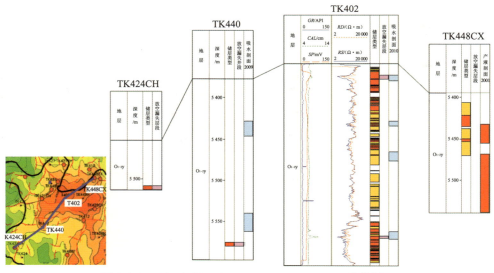

图 3-3-58 TK424CH—TK440—T402—TK448CX 连井剖面

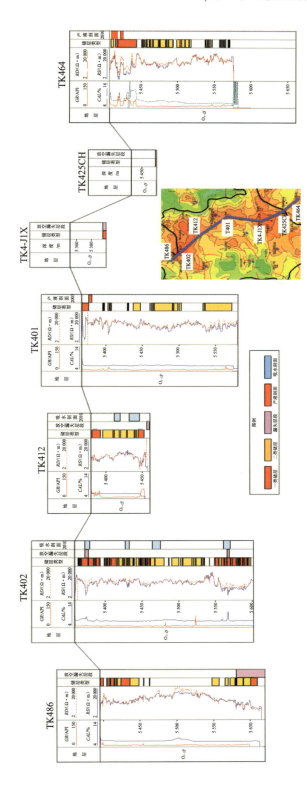

图 3-3-59　TK486—T402—TK412—T401—TK4-J1X—TK425CH—TK464 连井剖面

根据注采井所处的构造相对位置设计 3 种不同的注气方案(表 3-3-10):

方案 1 为高部位注气方案,3 口注气井 T402,T401 和 TK4-J1X 位于 S48 单元的构造高部位,TK449H,TK421CH,TK448CX 等 12 口采油井均位于构造相对较低位置,注采井数比为 1:4。

方案 2 为低部位注气方案,3 口注气井 TK425CH,TK411 和 TK412 均位于 S48 单元的构造低部位,TK429CX,TK440,TK408 等 12 口采油井均位于构造相对较高位置,注采井数比为 1:4。

方案 3 为高低部位结合注气方案,3 口注气井 T402,TK411 和 TK425CH 分别位于单元的不同高低部位(TK412 井处于 S48 单元的构造高部位,TK411 和 TK425CH 井位于 S48 单元构造低部位),TK449H,TK421CH,TK412 等 12 口采油井构造高低位置均有分布,注采井数比为 1:4。

表 3-3-10　注采井网优化对比方案

	方案描述	注气井	采油井
1	高部位注气	T402,T401,TK4-J1X	TK449H,TK421CH,TK448CX,TK429CX,TK440,TK412,TK430CX,TK408,S48,TK425CH,TK467,TK411
2	低部位注气	TK425CH,TK411,TK412	TK430CX,TK429CX,TK440,TK408,T401,T402,TK4-J1X,TK467,TK428CH,TK464,TK410,S48
3	高低部位结合注气	T402,TK411,TK425CH	TK449H,TK421CH,TK448CX,TK429CX,TK440,TK412,TK4-J1X,TK408,T401,TK467,TK428CH,S48

在单元注水历史拟合的基础上,对单元注水效果进行模拟预测,并对 3 个注气方案进行模拟对比。3 个注气方案均采用连续注气方式,根据前期注水开发中的注入量与注采比设计注气参数,日注入气体的地下体积与日注入水的体积相等,日注水 400 m³,预测时间为 8 年,模拟结果见表 3-3-11、图 3-3-60。

表 3-3-11　注气与注水效果对比表

方案	名称	注入井	注气累产油量/(10^4 m³)	注水累产油量/(10^4 m³)
1	高部位注气	T402,T401,TK4-J1X	40.0	17.5
3	低部位注气	TK425CH,TK411,TK412	39.4	16.8
2	高低部位结合注气	T402,TK411,TK425CH	41.7	17.1

数值模拟预测结果显示,在相同定产液的生产方式下,方案 3 高低部位结合注气方式的累产油量最高,低部位注气方式的累产油量最低。3 种方案累产油量对比图(图 3-3-60)显示方案 2(低部位注入)在生产第 2 年时产量突增,之后在生产 4 年后产量增长速度迅速下降。这是因为注入气体首先驱替井间剩余油运移到高部位井,从而提高井间剩余油的动用程度,在生产 4 年(受效期 2 年)之后受效井气体突破,导致产油量迅速下降。

方案 1 在生产第 4 年时产量进入突增阶段,再生产 1～3 年后产量增长速度迅速下降。高部位注气的产量突增点要比低部位注气晚 2 年左右,受效井的受效期基本为 1～3 年。

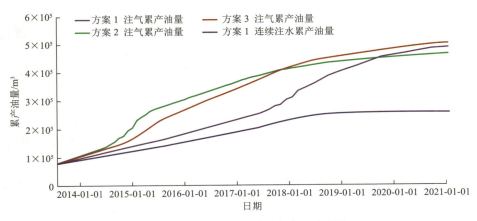

图 3-3-60 3种方案预测累产油量对比图

从图 3-3-60 中可以看出,方案 3 在预测前期有小的突增产量段,突增幅度小于方案 2 (低部位注气)的突增幅度,在预测后期由于有高部位注入井,导致方案 3 的受效期延长了 1~3 年。

3 个方案 8 年内的注入氮气动态运移三维图显示,方案 2 的注入氮气在向井周运移时,由于油气的重力分异作用,注入氮气主要沿着构造顶面运移,又由于 S48 单元剩余油主要分布在构造的顶面,所以注入氮气首先驱替井周上部剩余油向采油井推进,随着注气量的增加和注入时间的延长,注入氮气将向构造高部位聚集,形成次生气顶;随着注入氮气总量的增加,由于重力分异作用,注入氮气替换高部位剩余油,加上低部位注气两种能量联合作用,故方案 2 的产量突增点出现最早。

方案 1 中,注气井均位于高部位,由于油气的重力分异,注入氮气主要聚集在构造高部位,注入氮气向低部位运移速度慢,驱替效率低。随着注气量和注入时间的增加,3 口注气井注入气的波及范围连为一体,即注入气在 S48 单元的高部位形成气顶。在目前的注入能力下,在 S48 单元的高部位形成能量较强的次生气顶需要较长的注入时间,导致高部位注气的产量突增点较低部位注气出现得晚。各方案具体的注入气体分布情况如图 3-3-61 所示。

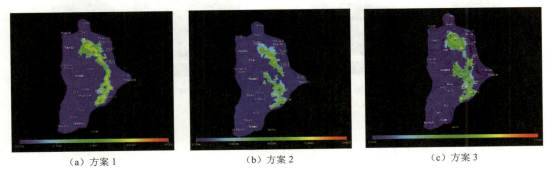

（a）方案 1　　　　　　　　（b）方案 2　　　　　　　　（c）方案 3

图 3-3-61 3种方案注气末期含气饱和度分布图

方案 3 注气与注水效果对比(表 3-3-12)结果表明,注气增油效果远远好于注水增油效果,若采用连续注水生产方式,产油量增长幅度小,且生产 4 年后注水基本失效。

以上分析结果说明多井缝洞单元注入氮气是替代注水的较好方法。在中低部位注气见效时间短,增油效果快,高部位注气见效时间晚,但累产油量多。针对 S48 单元,建议采用"前期低部位井注气,后期采用高部位井注气"生产方式。

2)注气方式研究

对不同注入方式进行论证,包括周期注气、气水混注和气水交替 3 种方式。各方案的注入体积相同,均为地下体积(73×10^4 m^3),预测时间为 5 年,生产井生产方式相同,定液(50 m^3/d)生产,预测结果如图 3-3-62～图 3-3-64 所示。

目前 S48 缝洞单元的剩余油主要分布在单元的顶部,所以更适合采用周期注气方式。

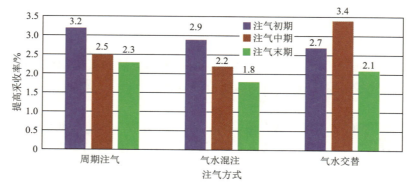

图 3-3-62 风化壳岩溶背景井组不同阶段注气方式优化结果对比图

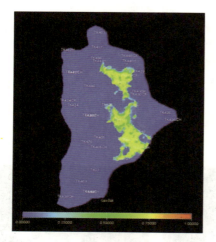

图 3-3-63 周期注气含气饱和度分布图

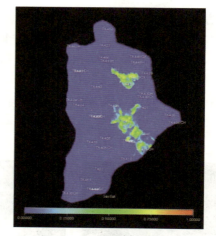

图 3-3-64 气水交替含气饱和度分布图

3)注气速度研究

合理注气速度可以延缓气窜、提高波及体积。研究 2×10^4 m^3/d,3×10^4 m^3/d,5×10^4 m^3/d,8×10^4 m^3/d,10×10^4 m^3/d 注气速度对驱油效果影响,结果如图 3-3-65 所示。模拟结果表明,注气初期和中期最佳注气速度为 8×10^4 m^3/d,注气末期最佳注气速度为 5×10^4 m^3/d。

4）注气总量研究

为研究注气量,设计模拟了不同注入倍数时的注气效果。注气井与一线受效井之间的剩余烃孔隙体积（HCPV）约为 $660×10^4$ m³,分别模拟剩余油体积的 0.1,0.2,0.3,0.4,0.5,0.6,0.7 倍时的注气效果,预测时长为 5 年,模拟结果如图 3-3-66 所示。

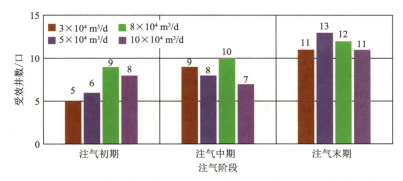

图 3-3-65　风化壳岩溶背景井组不同注气阶段不同注气速度受效井数统计图

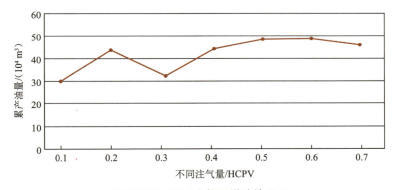

图 3-3-66　不同注气量增油效果图

模拟结果表明,前期注气量为 0.2 HCPV 时增油量最大;当注气量大于 0.2 HCPV 时,单元增油量下降,这是因为当注气 0.3 HCPV 时,注气结束时一线受效井发生气窜;随着注气量的增加,位于低部位的二线井开始受效,增油量逐渐增加,当达到 0.5 HCPV 时,累产油量达到最大（图 3-3-67）。

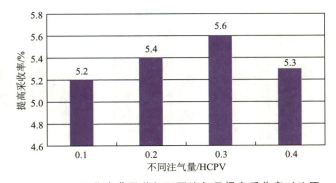

图 3-3-67　风化壳背景井组不同注气量提高采收率对比图

5) 周期注气量研究

根据风化壳岩溶背景注气井组现场注入井的注入能力和受效井的产出状况可以得出,平均周期注气量为 486×10^4 m³。针对 S48 单元不同注气阶段,设计不同周期注气量注入方案,分别为 100×10^4 m³,150×10^4 m³,300×10^4 m³,500×10^4 m³(表 3-3-12)。数值模拟计算结果显示,注气初期最佳周期注气量为 500×10^4 m³,中期最佳注气量为 300×10^4 m³,末期最佳注气量低于 100×10^4 m³。

表 3-3-12 不同注气阶段周期注气量优化

方案序号	注气初期				注气中期				注气末期			
	方案1	方案2	方案3	方案4	方案1	方案2	方案3	方案4	方案1	方案2	方案3	方案4
周期注气量 /(10^4 m³)	100	150	300	500	100	150	300	500	100	150	300	500

6) 注气周期研究

根据现场试验统计结果,风化壳岩溶背景井组平均注气时间为 35 d 左右。分别设计 4 种注停周期,再研究注气不同阶段的正交方案。数值模拟计算结果(表 3-3-13、图 3-3-68)表明:

(1) 注入量和停注时间相同时,最佳注入时间为 30~40 d;

(2) 短注长停注气周期优于对称注气的效果。初期最佳注停时间比为 1:2,中后期最佳注停时间比为 1:3~1:5。

表 3-3-13 风化壳背景井组不同阶段注停时间比优化方案

注气阶段	注停时间比			
	方案4	方案1	方案2	方案3
注气初期	对称注气 1:1	短注长停 1:2	短注长停 1:3	短注长停 1:5
注气中期	对称注气 1:1	短注长停 1:2	短注长停 1:3	短注长停 1:5
注气末期	对称注气 1:1	短注长停 1:2	短注长停 1:3	短注长停 1:5

注:对称注气 1:1 的方案是注 35 d 停 35 d 为一个注气周期。

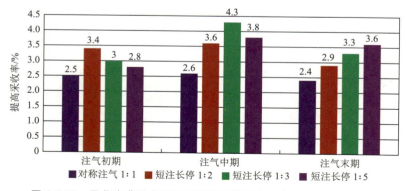

图 3-3-68 风化壳背景井组不同阶段周期注气量提高采收率对比图

3.3.3.3　S86 单元氮气驱技术政策研究

S86 单元属于断溶体岩溶背景油藏。断溶体岩溶背景油藏储集体沿断裂发育,水驱剩余油分布在断裂核部,受断裂发育程度控制。

1) 注采井网优化

针对断溶体剩余油分布特点构建边注核采、核注边采、边核同注 3 种注气井网,如图 3-3-69 所示。

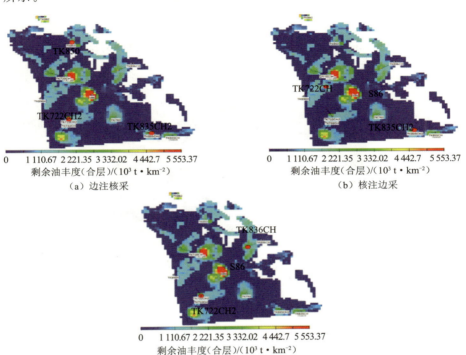

图 3-3-69　断溶体岩溶背景储集体井网部署图

数值模拟结果(表 3-3-14)从增油效果角度显示边核同注井网增油量高,效果最好。这主要是因为边核同注井网能够整体控制压力平衡,气驱波及效果好,气驱效率高。

表 3-3-14　不同注气井网增油对比统计

编　号	井　网	增油量/(10⁴ t)	备　注
1	边注核采	2.9	注气量 0.2 PV, 采取周期注气方式, 日注气 5×10⁴ m³
2	核注边采	2.7	
3	边核同注	3.5	

2) 注气方式优化

设计的注气方式包括周期注气、气水混注和气水交替 3 种方式。

数值模拟结果(图 3-3-70 和图 3-3-71)表明,对于断溶体岩溶背景井组,气水交替注气方式累增油效果好,注气方气效率高。

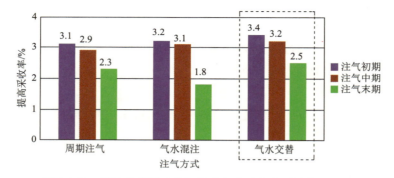

图 3-3-70　断溶体背景油藏不同注气方式提高采收率对比图

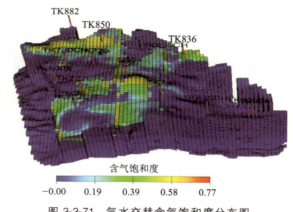

图 3-3-71　气水交替含气饱和度分布图

3) 注气速度优化

合理的注气速度可以延缓气窜、提高波及体积,因此设计注气速度为 2×10^4 m³/d,3×10^4 m³/d,5×10^4 m³/d,8×10^4 m³/d,10×10^4 m³/d 时对驱油效果的影响。

数值模拟结果(图 3-3-72 和图 3-3-73)表明,断溶体油藏注气 3 个阶段的合理注气速度分别为 5×10^4 m³/d,3×10^4 m³/d 和 3×10^4 m³/d。这主要是因为断溶体岩溶背景油藏井间裂缝发育为主要的原油储存运移通道,故注入氮气更易沿中、大尺度裂缝形成优势通道。为了延缓气窜,断溶体岩溶背景油藏较风化壳岩溶背景油藏注气速度慢。

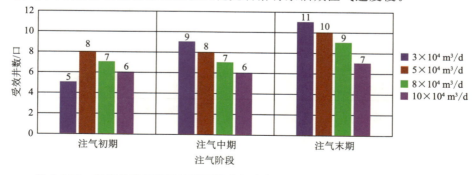

图 3-3-72　断溶体岩溶背景油藏不同注气阶段不同注气速度下受效井数统计图

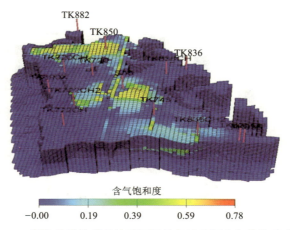

图 3-3-73 断溶体岩溶背景油藏不同注气速度下含气饱和度分布图

4) 注气总量研究

为确定注气量,设计模拟了不同注气量时的注气效果。分别模拟注气井与一线受效井之间剩余油体积的 0.05,0.1,0.15,0.2,0.3,0.4 倍时的注气效果,预测时长为 5 年。

利用数值模拟技术优化断溶体背景井组气驱注气量,最佳注气量为 0.15 PV。注气量在 0.15 PV 以下时,随着注气量的增大,波及范围增大,驱替效果增强;大于 0.15 PV 后,随着注气量的增大,波及范围基本不变,注入氮气沿裂缝突破速度加快。限制氮气波及范围的核心因素是该类储集体发育的特点(图 3-3-74)。

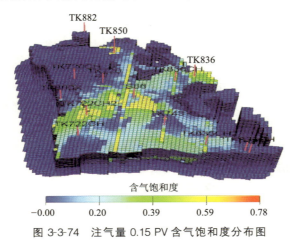

图 3-3-74 注气量 0.15 PV 含气饱和度分布图

不同注气量的增油结果(图 3-3-75)表明,当注气量超过一定值后,随着注气量的增加,增油量逐渐减少,主要原因是当注气量过大时,加速受效井气窜。

5) 周期注气量研究

根据断溶体岩溶背景注气井组现场注气井的注入能力和受效井产出状况,平均周期注气量为 146×10^4 m³。针对 S86 单元注气不同阶段,设计不同周期注气量注入方案,分别为 50×10^4 m³,100×10^4 m³,200×10^4 m³ 和 300×10^4 m³。数值模拟结果(图 3-3-76)表明,注

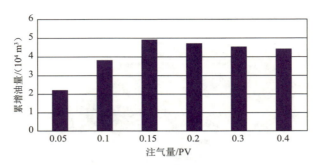

图 3-3-75　断溶体油藏不同注气量增油图

气初期最佳周期注气量为 $(100\sim200)\times10^4$ m^3，中期最佳周期注气量约为 100×10^4 m^3，末期最佳注气量约为 50×10^4 m^3。

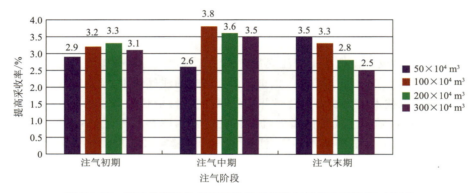

图 3-3-76　断溶体背景井组不同阶段周期注气量提高采收率对比图

6）注气周期研究

根据现场试验统计结果，断溶体岩溶背景井组平均注气时间为 45 d 左右。为研究相同注气量下不同注气周期对注气驱油效果的影响，分别设计注气周期与关井时间的比例（即最佳注停时间比）为注 1 个月停 1 个月、注 1 个月停 2 个月、注 1 个月停 3 个月、注 1 个月停 5 个月 4 种方案（表 3-3-15）。数值模拟结果（图 3-3-77）表明：

（1）相同注气量和停注时间下，最佳注入时间为 40～50 d。

（2）短注长停注气周期优于对称注气效果。注气初期最佳注停时间比为 1：2，中后期最佳注停时间比为 1：3。

表 3-3-15　断溶体岩溶背景井组不同阶段注停时间比优化方案

注气阶段	注停时间比			
	方案 1	方案 2	方案 3	方案 4
注气初期	对称注气 1：1	短注长停 1：2	短注长停 1：3	短注长停 1：5
注气中期	对称注气 1：1	短注长停 1：2	短注长停 1：3	短注长停 1：5
注气末期	对称注气 1：1	短注长停 1：2	短注长停 1：3	短注长停 1：5

数值模拟计算结果(图 3-3-77)显示,断溶体岩溶背景油藏注停时间为短注长停 1:3 时驱油效果最佳。

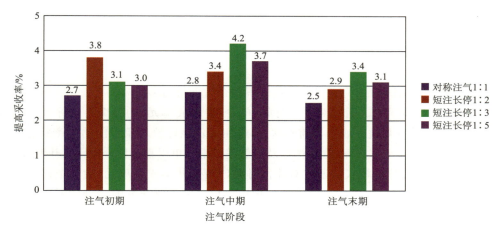

图 3-3-77　断溶体岩溶背景井组不同阶段周期注气量提高采收率对比图

不同岩溶背景井组注气周期不一致,主要是因为注气周期与井组储集体发育程度、连通关系紧密。储层发育、连通性好,则气驱扩散能力强;储层发育、连通性差,则气驱扩散能力弱,注气周期时限长。

通过典型井组氮气驱数值模拟研究,并结合矿场统计结果,初步形成了不同岩溶背景井组不同阶段氮气驱技术政策(表 3-3-16)。

表 3-3-16　缝洞型油藏氮气驱技术政策

气驱参数	风化壳油藏			暗河油藏			断溶体油藏		
注采井网	面状井网			网状井网			线状井网		
注采关系	高低部位结合注气			分支注河道采			边核同注		
注气阶段	初　期	中　期	末　期	初　期	中　期	末　期	初　期	中　期	末　期
注气方式	周期注气	周期注气	周期注气	周期注气	气水交替	气水交替	气水交替	气水交替	气水交替
累积注气量/PV	0.3			0.2			0.15		
周期注气量 /(10^4 m^3)	500	300	<100	300	200	150	100~200	100	50
注气速度 /(10^4 m^3 · d^{-1})	8	8	5	8	5	3	5	3	3
注停时间比	注1:停1	注1:停3	注1:停3	注1:停3	注1:水5	注1:水8	注1:水2	注1:水3	注1:水3

3.4 注氮气效果评价技术

3.4.1 评价技术与方法现状

目前效果评价测试的相关研究主要在以下两个方面进行：

（1）单因素评价模式。通过对评价对象（单井、井组或单元）的某个具体评价指标进行研究，分析该指标的变化过程或者目前的状态，进而评价该评价对象目前的生产状态。在气驱开发效果评价中，基于采收率、含水率以及自然递减率的单因素评价分析研究开展得较多。

（2）多因素综合评价模式。通过对评价对象（单井、井组或者单元）的多个评价指标进行综合分析研究，再利用一定的数学方法分析该评价对象气驱开发的综合状况。该项研究通常根据不同的地质背景以及评价要求提出个性化的评价指标体系。目前水驱效果的多因素综合评价研究开展得较多，如中原油田、江苏油田均已开展过相关研究，并根据自身的地质状况提出了相应的评价指标体系。在气驱效果评价领域，由于气体压缩性较强、注入气地下分布模型多样、注气受效时间以及受效效果差异较大等，目前气驱多因素综合评价研究开展得较少。

通过开展气驱效果评价因素研究，提出适用于塔河油田缝洞型油藏地质背景的气驱效果评价指标体系，进而利用聚类分析、因素分析、层系分析、模糊评价以及神经网络评价等数学方法实现缝洞型油藏气驱效果综合评价。

1）指标构建模式

指标构建模式主要有以下 3 种。

（1）分类模式。该方法将不同注采指标进行归纳总结，形成描述气驱效果、采油效果、井网完善程度、开发效果以及注采关系的各类指标体系，在每一个指标体系中再逐个筛选，排除重复指标、无效指标以及关联不明显指标，形成最终的气驱效果指标评价体系（图 3-4-1）。

（2）输入-产出追踪模式。水驱和气驱效果评价均通过一定的油藏指标来反映油藏的开发状态，在评价原理、评价对象以及评价方法上具有一定的相似性。在水驱效果评价领域，近年来有学者提出了通过追踪注入水去向，利用不同的指标对注入水的去向进行评价的方法，并提出了注水效果评价指标体系。对于缝洞型油藏，注入水的主要流向有漏失、升压、水窜以及驱油，可以分别利用存水率、能量保持程度、含水率以及人工驱油指数进行评价。该方法的优点明显是思路清晰，可以利用公式进行精确的刻画描述，但也存在各个指标不能完全反映水流去向以及各指标之间有交叉的问题（图 3-4-2）。

（3）相关性分析模式。有学者通过统计大量注气单元各指标的评价数据，利用相关性分析，逐步分析各指标之间的相关性，而每一次分析均会排除一个相关性指数最高的注气效果评价指标，多次进行，直到剩下 7～8 个指标为止（表 3-4-1）。该方法完全是建立在数学相关性分析的基础上，没有考虑油藏工程实际意义，最终得出结果的数学相关性可能确实较小，从而避免指标重复的问题，但可能脱离了注气效果评价的最初目的。

图 3-4-1　常见的分类模式

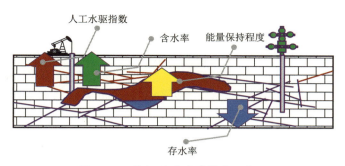

图 3-4-2　输入-产出追踪模式示意图

表 3-4-1　指标相关性分析示意表

指　　标	1	2	3	4	5	6	7	8
第 1 轮相关分析	0.82	0.84	0.92	0.95	0.63	0.74	0.72	0.96
第 2 轮相关分析	0.93	0.70	0.85	0.89	0.86	0.82	0.75	排　除
第 3 轮相关分析	排　除	0.76	0.92	0.90	0.76	0.84	0.83	排　除

通过上述分析认为,要提出适用性与实用性均较高的注气效果评价指标,需要采用第 1 种和第 3 种模式相结合的方法,即进行板块分类,分析各个指标的机理,排除无效指标,筛选有用指标,同时结合数学分析方法,排除相关性较高的指标,最终形成较为完善的碳酸盐岩缝洞型油藏注气效果评价指标体系。

2)注气效果评价

目前,油藏注气开发中有注氮气、注二氧化碳、注空气等多种方法。部分油田根据自身不同的注入介质,结合其开发方式以及开发阶段提出了对应气驱效果评价指标体系,通过对这些指标体系的研究能够进一步了解目前油藏气驱效果评价的研究进展。

(1)注氮气效果评价测试。

中国石化雁翎油田开展过注氮气驱油效果评价研究,根据其地质和开发状况提出了以下适用于雁翎油田的注氮气效果评价指标。

① 年采油速度:年采油量与地质储量的比值。

② 周期增油率:累积增油量与周期数的比值。

③ 累积换油率:累积增油量与累积注气量的比值。

④ 累积存气率:(累积注气量－累积产气量)/累积注气量。

⑤ 提高采收率:注气开发状况下的可采储量和未注气时标准的可采储量之差与地质储量的比值。

⑥ 吨油成本:累积注气成本与累积增油量的比值。

该指标体系是针对雁翎油田目前开发状况提出的,存在注气驱油的指标较少、评价指标的全面性和针对性没有明确认识等问题。

(2)注二氧化碳效果评价测试。

辽河油田稀油区开展过注二氧化碳提高采收率的相关试验,并初步建立了注二氧化碳效果评价指标体系。

① 地层能量保持程度:注气处理前的地层压力与原始地层压力的比值。

② 平均日增油水平:累积增油量与开井天数的比值。

③ 累积换油率:累积增油量与累积注气量的比值。

④ 储量采出程度:累积产油量与原始地层储量的比值。

⑤ 提高采收率:注气开发状况下的可采储量和未注气时标准的可采储量之差与地质储量的比值。

⑥ 周期增油率:累积增油量与周期数的比值。

⑦ 吨油成本:累积注气成本与累积增油量的比值。

⑧ 年采油速度:年采油量与地质储量的比值。

（3）注空气效果评价测试。

胜利油田稀油区开展过注空气提高采收率的相关试验,并初步建立了注空气效果评价指标。

① 吨油成本:累积注气成本与累积增油量的比值。

② 年采油速度:年采油量与地质储量的比值。

③ 累积存气率:(累积注气量－累积产气量)/累积注气量。

④ 自然递减率:没有新井投产及各种增产措施情况下的产量递减率。

⑤ 周期注入量:在注气增产方式下一个周期内注入地层的总气量。

（4）测试指标统计。

基于前述分类的维度以及相关调研成果,结合塔河油田碳酸盐岩缝洞型油藏储集空间类型、连通状况以及开发状况,考虑注采平衡、开发水平以及效果效益 3 个维度,分别从注采平衡、能量平衡、注气效率、产水状况、采油状况、注气效果和注气效益 7 个评价角度进行缝洞型油藏注气效果评价指标筛选(表 3-4-2)。

① 注采平衡评价维度:主要评价油藏注氮气开发过程中的注采平衡和能量平衡状况。

② 开发水平评价维度:主要评价注气效率、产水状况以及采油状况。

③ 效果效益评价维度:主要评价油藏注入氮气效果和注气效益的状况。

表 3-4-2 缝洞型油藏注气效果评价指标统计表

评价维度	评价角度	评价指标
注采平衡	注采平衡	阶段(累积)注采比、储采平衡系数、储采比、剩余可采储量、采油速度、地层压力、地层总压降、地层压力保持水平
	能量平衡	储采平衡系数、累计亏空、能量保持程度
开发水平	注气效率	轮次存气率
	产水状况	含水率、含水变化率、含水上升速度、含水与可采储量和采出程度关系
	采油状况	产能保有率、自然递减率、地质储量、采油速度、无因次采油速度、自然递减变化率、综合递减率、总递减率、采油指数
效果效益	注气效果	增油量、提高采出程度
	注气效益	方气换油率、日增油水平

3.4.2　注氮气效果评价指标

1）注采连通类指标

注采连通状况主要针对注气井井组效果，评价指标主要有波及系数、气驱储量控制程度、井网密度、单井控制储量、气驱储量动用程度、井控系数、油气注采多向受效率。

波及系数计算公式如下：

$$E_v = cE_A \tag{3-4-1}$$

式中　E_v——砂岩油藏波及系数；

　　　c——岩芯校正系数；

　　　E_A——岩芯波及系数。

式（3-4-1）主要适用于砂岩油藏，不适合缝洞型油藏。

井网密度和单井控制储量是静态指标，并不能够反映油藏动态开发水平。

井控系数是近年来针对缝洞型油藏而提出的指标，其主要问题是计算复杂，且需要配合地震资料来确定参数，因而实际操作性较低。

油气井注采多向受效率是针对缝洞型油藏的平面指标。气驱储量控制程度和气驱储量动用程度是反映注气波及系数的核心指标，其应用范围广泛，无论对碎屑岩油藏还是对碳酸盐岩油藏，均具有实用性。

针对井网完善程度，注气井井组应选取的指标为气驱储量动用程度。

2）开发水平类指标

注气单井评价指标主要有注气效率、产水状况、采油状况三大方面。其中，注气效率主要是轮次存气率，产水状况包括含水率、含水变化率，采油状况包括产能保有率、采油指数。在注气井井组评价指标中，用气状况包括存气率，产水状况包括含水率、含水变化率，采油状况包括产能保有率、采油指数。这三大方面指标适用范围较广，在文献中多个指标体系中均有涉及。

轮次存气率是指一个生产轮次的注气量和产气量的差值与注气量之比，反映了注入气的利用效率，是重要的单井评价指标。

存气率是注气量和产气量的差与注气量之比，计算公式如下：

$$E_i = \frac{G_i - G_p}{G_i} \tag{3-4-2}$$

式中　E_i——存气率；

　　　G_i，G_p——注气量和产气量。

存气率可以反映生产状况，既是注气单井又是注气井井组的一个重要指标。

含水率仅仅反映生产状况，无横向可比性，因此对单井和井组均没有较大的价值。

含水变化率是每采出 1% 的地质储量含水率的变化，反映了注水后见水快慢情况，属于核心评价指标，是注气井井组效果评价指标，其计算公式为：

$$\Delta f_w = \frac{f_{w1} - f_{w2}}{\Delta t} \tag{3-4-3}$$

式中　f_{w1}——t_1 时刻油藏含水率；

　　　f_{w2}——t_2 时刻油藏含水率；

　　　Δt——时间差；

　　　Δf_w——油藏含水变化率。

产能保有率主要针对开发方案进行评价,反映了开发方案的适用性,但对生产过程中的注气效果评价并不是很适用,因而予以排除。

采油指数是单位生产压差下的日产油量,不具有纵向可比性。

综上所述,注气单井开发水平评价指标为轮次存气率,注气井组为含水变化率和存气率。

3）注采平衡类指标

注采平衡类指标对于注气单井和注气井组评价均有较大的作用。注气单井注采平衡类指标主要有阶段注采比、累积注采比、累积亏空、能量保持程度、新增可采储量,注气井组注采平衡类指标主要有阶段注采比、累积注采比、累积亏空、自然递减变化率。其中,阶段注采比和累积注采比属于过程关系,并无优劣之分,根据不同的评价阶段和评价目的可以灵活地选择。

$$Z=\frac{Q_i}{Q_w+Q_o} \tag{3-4-4}$$

式中　Z——累积注采比；

　　　Q_i,Q_o,Q_w——累积注入量、累积产油量和累积产水量。

综合递减变化率反映注气油田整体开发水平,而自然递减变化率反映未注气的开发水平,强调的是和注气开发的效果对比。通过关联性分析可以发现,二者之间具有统计相关性。结合这两个指标进行分析,优选具有对比效果的自然递减变化率作为评价指标。

累积亏空反映开发程度,不同油藏间的纵向可比性较差,因此该指标不适用于注气效果评价。

4）综合效果类指标

综合效果主要考察油藏注气后整体增油效益情况,目前一般采用提高采出程度作为表征指标。该指标为注气后累积产油量与动用地质储量比值的百分数,可以反映现阶段缝洞型油藏储量背景下的注气增油水平,即使在不同的缝洞型油藏之间也具有一定的横向对比性。同时,该指标也是各大油田目前广泛应用的评价指标,因而具有较多的数据支撑和对比分析资料。因此,综合效果评价类指标选择提高采出程度。

5）评价指标体系

缝洞型油藏气驱和水驱在驱替机理、驱替范围以及驱替效果等方面均具有许多不同之处。缝洞型油藏注气通常是在水驱完成之后进行的,一般会进行多个轮次,因此缝洞型油藏气驱效果评价需要根据气驱时间的不同进行精细划分评价。

（1）注气前效果评价指标。

由于气驱油通常是在注水之后进行的生产措施,因此有必要对注气之前的油藏生产开发状况进行评价,其目的主要有:

① 明确油藏目前的驱替效果以及开发状态,进一步深刻地认识油藏；

② 为后续气驱效果的评价增加对比参考标准,以精确评估油藏的注气效果。

基于上述目的,注气前效果评价的核心意义是评价油藏的水驱效果,因此建立了缝洞型油藏注气前效果评价体系(表 3-4-3 和表 3-4-4)。

表 3-4-3　缝洞型油藏单井注气前效果评价体系

评价角度	评价指标	评价目的
开采状态	累积注采比	评价注采的平衡状态
	存水率	评价注水的利用状态
	含水上升率	评价生产的含水状态
剩余油生产能力	能量保持程度	从能量角度评价剩余油生产能力
	自然递减率	从产能角度评价剩余油生产能力
效果对比指标	提高采收率	评价注气前状况,作为注气后效果对比指标

表 3-4-4　缝洞型油藏井组注气前效果评价体系

评价角度	评价指标	评价目的
开采状态	能量保持程度	评价注气前油藏平衡状态
	存水率	评价注水的利用效率
剩余油生产能力	储量控制程度	从控制角度评价剩余油生产能力
	储量动用程度	从动用角度评价剩余油生产能力
效果对比指标	提高采收率	评价注气前状况,作为注气后效果对比指标

（2）注气中效果评价指标。

由于注入氮气的密度及油气界面张力较小,注气替油是一个逐渐进行的缓慢过程。缝洞型油藏注气替油通常采用多个轮次,不同轮次可能采用不同的注气速度、注气量及生产时间,不同轮次的驱替效果也有较大的差异。因此,缝洞型油藏注气中效果评价体系(表 3-4-5、表 3-4-6)需要着重考虑不同轮次的替油效果。

表 3-4-5　缝洞型油藏单井注气中效果评价体系

类　型	指标名称	定义、计算方法
注采平衡类指标	累积注采比	注水和注气的总注入量与气、液总产量之比
开发水平类指标	轮次存气率	注气量和产气量的差与总注气量之比
效果类指标	累积增油量	注气开采后总产油量与未采取增油措施产油量之差
	提高采收率	累积增油量与可采储量之比
	周期增油量	累积增油量与周期数之比
效益类指标	平均日增油水平	累积增油量与开井天数之比
	吨油盈利	当前油价下的吨油盈利水平

表 3-4-6　缝洞型油藏井组注气中效果评价体系

类　型	指标名称	定义、计算方法
注采连通状况类指标	气驱动用程度	同一关联井组内,注气井注入气所波及范围内的地质储量与井组总地质储量之比
注采平衡类指标	累积注采比	注水和注气的总注入量与气、液总产量之比
	自然递减变化率	注气前后或不同受效阶段自然递减率的变化幅度,反映增产效果的稳定性
开发水平类指标	存气率	注气量和产气量的差与总注气量之比
	含水变化率	注气增产时地层含水率的变化
效果类指标	累积增油量	注气开采后总产油量与未采取增油措施时产油量之差
	提高采收率	累积增油量与可采储量之比
	周期增油量	累积增油量与周期数之比
效益类指标	平均日增油水平	累积增油量与开井天数之比
	吨油盈利	当前油价下的吨油盈利水平

（3）注气后效果评价指标。

注气后效果评价是在注气开发完成之后对整个注气阶段的生产效果进行的评价,此时不再局限于生产过程中具体的生产指标,而是突出整个注气过程中的生产状态、生产效果和生产效益。缝洞型油藏注气后效果评价体系见表 3-4-7 和表 3-4-8。

表 3-4-7　缝洞型油藏单井注气后效果评价体系

类　型	指标名称	定义、计算方法
注采平衡类指标	累积注采比	注水和注气的总注入量与气、液总产量之比
开发水平类指标	累积存气率	注气量和产气量的差与总注气量之比
效果类指标	累积增油量	注气开采后总产油量与未采取增油措施时产油量之差
	提高采收率	累积增油量与可采储量之比
效益类指标	平均日增油水平	累积增油量与开井天数之比
	吨油盈利	当前油价下的吨油盈利水平

表 3-4-8　缝洞型油藏井组注气后效果评价体系

类　型	指标名称	定义、计算方法
注采连通状况类指标	气驱动用程度	同一关联井组内,注气井注入气所波及范围内的地质储量与井组总地质储量之比
注采平衡类指标	累积注采比	注水和注气的总注入量与气、液总产量之比
	自然递减变化率	注气前后或不同受效阶段自然递减率的变化幅度,反映增产效果稳定性

类　型	指标名称	定义、计算方法
开发水平类指标	存气率	注气量和产气量的差与总注气量之比
	含水变化率	注气增产时地层含水率的变化快慢
效果类指标	累积增油量	注气开采后总产油量与未采取增油措施产油量之差
	提高采收率	累积增油量与可采储量之比
效益类指标	平均日增油水平	累积增油量与开井天数之比
	吨油盈利	当前油价下的吨油盈利水平

3.4.3　注氮气效果评价方法

3.4.3.1　权重分配方法

在多属性决策中,常用的权重分配方法主要有主观法和客观法两类,这两类方法均衍生出很多算法。在油藏开发效果评价领域,目前主观法采用较多的是层次分析法(analytic hierarchy process,AHP),而客观法采用较多的是主成分分析法(principal component analysis,CPA)。这两种方法各具特点,应用过程中进行了如下研究分析。

1) 层次分析法

设有备选方案集 $\{A_1, A_2, \cdots, A_n\}$,依据某一准则 C,将方案两两进行重要性比较,确定的判断矩阵为:

$$A = \begin{pmatrix} a_{11} & a_{12} & \cdots & a_{1n} \\ a_{21} & a_{22} & \cdots & a_{2n} \\ \vdots & \vdots & & \vdots \\ a_{n1} & a_{n2} & \cdots & a_{nn} \end{pmatrix} \qquad (3\text{-}4\text{-}5)$$

式中　a_{ij}——方案判定条件比值;

　　　A——判断矩阵。

定义指标集:

$$I = \{1, 2, \cdots, n\} \qquad (3\text{-}4\text{-}6)$$

当正反互判矩阵 $A = (a_{ij})_{n \times n}$ 为具有一致性判断矩阵时,矩阵 A 的元素与权重矢量 $w = (w_1, w_2, \cdots, w_n)^{\mathrm{T}}$ 具有如下逻辑关系:

$$a_{ij} = \frac{w_i}{w_j}, \quad \forall i, j \in I \qquad (3\text{-}4\text{-}7)$$

式中　w_i——第 i 个判定条件的权重。

设多属性决策问题中各个方案的权重矢量为 $w = (w_1, w_2, \cdots, w_n)^{\mathrm{T}}$,根据方案 A_i 与方案 A_j 的权重比 w_i/w_j,可构造如下权重比的正反一致性矩阵 A:

$$\boldsymbol{A} = (a_{ij})_{n \times n} = \begin{bmatrix} w_1/w_1 & w_1/w_2 & \cdots & w_1/w_n \\ w_2/w_1 & w_2/w_2 & \cdots & w_2/w_n \\ \vdots & \vdots & & \vdots \\ w_n/w_1 & w_n/w_2 & \cdots & w_n/w_n \end{bmatrix} \tag{3-4-8}$$

其中,矩阵元素 $a_{ii} = w_i/w_i = 1$，$a_{ij} = w_i/w_j = 1/(w_j/w_i) = 1/a_{ji}$，且 $a_{ij} = a_{ik}/a_{jk}$。将权重矢量 $\boldsymbol{w}$ 右乘矩阵 $\boldsymbol{A}$，则有：

$$\boldsymbol{Aw} = \begin{bmatrix} w_1/w_1 & w_1/w_2 & \cdots & w_1/w_n \\ w_2/w_1 & w_2/w_2 & \cdots & w_2/w_n \\ \vdots & \vdots & & \vdots \\ w_n/w_1 & w_n/w_2 & \vdots & w_n/w_n \end{bmatrix} \begin{bmatrix} w_1 \\ w_2 \\ \vdots \\ w_n \end{bmatrix} = n \begin{bmatrix} w_1 \\ w_2 \\ \vdots \\ w_n \end{bmatrix} = n\boldsymbol{w} \tag{3-4-9}$$

将求出的最大特征根 $\lambda'_{\max}$ 代入齐次线性方程组：

$$(\boldsymbol{A}' - \lambda'_{\max} \boldsymbol{I}) \boldsymbol{w}' = 0 \tag{3-4-10}$$

式中　$\lambda'_{\max}$——齐次线性方程最大特征根。

由式(3-4-10)解出 $\lambda'_{\max}$ 对应的特征矢量：

$$\boldsymbol{w}' = (w'_1, w'_2, \cdots, w'_n)^{\mathrm{T}} \tag{3-4-11}$$

如果判断矩阵 $\boldsymbol{A}'$ 具有一致性,则 $\lambda'_{\max}$ 对应的特征矢量 $\boldsymbol{w}'$ 就是方案集的权重矢量 $\boldsymbol{w}$。一般地,判断矩阵 $\boldsymbol{A}'$ 未必是正互反的具有一致性的判断矩阵。为了达到令人满意的一致性,使除 $\lambda'_{\max}$ 之外的其余特征根尽量接近零,用剩下的 $n-1$ 个特征根的绝对平均值作为检验判断矩阵一致性的指标,即

$$C.I = \frac{\lambda'_{\max} - n}{n - 1} \tag{3-4-12}$$

式中　$C.I$——一致性判定指标。

一般来说,$C.I$ 越大,偏离一致性越大;反之,偏离一致性越小。另外,判断矩阵的阶数 n 越大,判断的主观因素造成的偏差越大,偏差的一致性也就越大;反之,偏差的一致性越小。因此,还必须引入平均随机一致性指标,记为 $R.I$。指标 $R.I$ 随判断矩阵阶数 n 的变化而变化。这些矩阵是用随机方法构造判断矩阵,经过多次重复计算,求出一致性指标,并加以平均得到的,具体数据见表 3-4-9。

表 3-4-9　R.I 变化数值表

阶　数	1	2	3	4	5	6	7	8	9	10
$R.I$	0	0	0.52	0.89	1.12	1.26	1.36	1.41	1.46	1.49

一致性指标 $C.I$ 与同阶的随机一致性指标 $R.I$ 的比值称为一致性比率,记为：

$$C.R = \frac{C.I}{R.I} \tag{3-4-13}$$

式中　$C.R$——一致性比率。

利用一致性比率 $C.R$ 检验判断矩阵的一致性。$C.R$ 越小,判断矩阵的一致性就越好。一般认为,当 $C.R < 0.1$ 时,判断矩阵符合一致性标准;否则,需要修正判断矩阵。

层次分析法的优点主要为：

（1）系统性的分析方法。层次分析法把研究对象作为一个系统，按照分解、比较判断、综合的思维方式进行决策，成为继机理分析、统计分析之后发展起来的系统分析的重要工具。系统的分析在于不割断各个因素对结果的影响，而层次分析法中每一层的权重设置最后都会直接或间接地影响到结果，而且每个层次中的每个因素对结果的影响程度都是量化的，非常清晰、明确。

（2）简洁实用的决策方法。这种方法既不单纯追求高深数学，又不片面地注重行为、逻辑、推理，而是把定性方法与定量方法有机地结合起来，将复杂的系统进行分解，能将人们的思维过程数学化、系统化，便于人们接受，且能把多目标、多准则又难以全部量化处理的决策问题化为多层次、单目标问题，通过两两比较确定同一层次元素相对上一层次元素的数量关系，最后进行简单的数学运算。

层次分析法的缺点主要有：

（1）不能为决策提供新方案。层次分析法的作用是从备选方案中选择较优者，这正好说明了层次分析法只能从原有方案中进行选取，而不能为决策者提供解决问题的新方案。

（2）定性成分占比较大。层次分析法是一种模拟人脑决策方式的方法，因此必然带有较多的定性色彩。对于一个问题，指标太多反而会更难确定方案。

2）主成分分析法

在处理信息时，若两个变量之间有一定的相关关系，则可以导致两变量信息具有一定的重叠。为了解决该问题，最简单、最直接的解决方案是削减变量的个数，但这必然又会导致信息丢失和信息不完整等问题的产生。为此，人们希望探索一种更为有效的解决方法，以大大减少参与数据建模的变量个数，同时又不会造成信息的大量丢失。主成分分析法正是这样一种能够有效降低变量维数，且已得到广泛应用的分析方法。

设 $X_1,X_2,\cdots,X_p$ 为某实际问题所涉及的 p 个随机变量，记：

$$\boldsymbol{X}=(X_1,X_2,\cdots,X_p)^{\mathrm{T}} \tag{3-4-14}$$

其协方差矩阵为：

$$\boldsymbol{\Sigma}=(\sigma_{ij})_{p\times p}=\boldsymbol{E}\{[\boldsymbol{X}-\boldsymbol{E}(\boldsymbol{X})][\boldsymbol{X}-\boldsymbol{E}(\boldsymbol{X})]^{\mathrm{T}}\} \tag{3-4-15}$$

它是一个 p 阶非负定矩阵。设：

$$\begin{cases} \boldsymbol{Y}_1=\boldsymbol{l}_1^{\mathrm{T}}\boldsymbol{X}=l_{11}X_1+l_{12}X_2+\cdots+l_{1p}X_p \\ \boldsymbol{Y}_2=\boldsymbol{l}_2^{\mathrm{T}}\boldsymbol{X}=l_{21}X_1+l_{22}X_2+\cdots+l_{2p}X_p \\ \vdots \\ \boldsymbol{Y}_p=\boldsymbol{l}_p^{\mathrm{T}}\boldsymbol{X}=l_{p1}X_1+l_{p2}X_2+\cdots+l_{pp}X_p \end{cases} \tag{3-4-16}$$

式中　Y_i——第 i 个主成分向量；

　　　l_i——特征向量。

记 $\boldsymbol{Y}=(\boldsymbol{Y}_1,\boldsymbol{Y}_2,\cdots,\boldsymbol{Y}_p)^{\mathrm{T}}$ 为主成分向量，则 $\boldsymbol{Y}=\boldsymbol{P}^{\mathrm{T}}\boldsymbol{X}$，且有：

$$\mathrm{Cov}(\boldsymbol{Y})=\mathrm{Cov}(\boldsymbol{P}^{\mathrm{T}}\boldsymbol{X})=\boldsymbol{P}^{\mathrm{T}}\boldsymbol{\Sigma}\boldsymbol{P}=\boldsymbol{\Lambda}=\mathrm{Diag}(\lambda_1,\lambda_2,\cdots,\lambda_p) \tag{3-4-17}$$

式中　$\boldsymbol{P}$——特征值所对应的特征向量，$\boldsymbol{P}=(e_1,e_2,\cdots,e_p)$。

由此得到主成分的总方差为：

$$\sum_{i=1}^{p}\mathrm{Var}(\boldsymbol{Y}_i)=\sum_{i=1}^{p}\lambda_i=\mathrm{tr}(\boldsymbol{P}^{\mathrm{T}}\boldsymbol{\Sigma}\boldsymbol{P})=\mathrm{tr}(\boldsymbol{\Sigma}\boldsymbol{P}\boldsymbol{P}^{\mathrm{T}})=\mathrm{tr}(\boldsymbol{\Sigma})=\sum_{i=1}^{p}\mathrm{Var}(X_i) \tag{3-4-18}$$

即主成分分析是 p 个原始变量 $X_1,X_2,\cdots,X_p$ 的总方差：

$$\sum_{i=1}^{p}\mathrm{Var}(X_i) \tag{3-4-19}$$

由于 $\boldsymbol{Y}=\boldsymbol{P}^{\mathrm{T}}\boldsymbol{X}$，故 $\boldsymbol{X}=\boldsymbol{PY}$，从而有：

$$X_j=e_{1j}\boldsymbol{Y}_1+e_{2j}\boldsymbol{Y}_2+\cdots+e_{pj}\boldsymbol{Y}_p \tag{3-4-20}$$

$$\mathrm{Cov}(Y_i,X_j)=\lambda_i e_{ij} \tag{3-4-21}$$

$$X_i^*=\frac{X_i-\mu_i}{\sqrt{\sigma_{ii}}} \quad (i=1,2,\cdots,p) \tag{3-4-22}$$

式中　$\mathrm{Cov}(Y_i,X_j)$——期望值分别为 $E(Y_i)$ 和 $E(X_j)$ 的协方差；

$\mu_i=E(X_i)$——X_i 的期望值；

$\sigma_{ii}=\mathrm{Var}(X_i)$——$X_i$ 的方差。

$\boldsymbol{X}^*=(X_1^*,X_2^*,\cdots,X_p^*)^{\mathrm{T}}$ 的协方差矩阵为：

$$\boldsymbol{X}=(X_1,X_2,\cdots,X_p)^{\mathrm{T}} \tag{3-4-23}$$

设 $\boldsymbol{X}^*=(X_1^*,X_2^*,\cdots,X_p^*)^{\mathrm{T}}$ 为标准化的随机向量，其协方差矩阵（即 $\boldsymbol{X}$ 的相关矩阵）为 $\boldsymbol{\rho}$，则 $\boldsymbol{X}^*$ 的第 i 个主成分为：

$$X_i^*=(\boldsymbol{e}_i^*)^{\mathrm{T}}\boldsymbol{X}^*=e_{i1}^*\frac{X_1-\mu_1}{\sqrt{\sigma_{11}}}+e_{i2}^*\frac{X_2-\mu_2}{\sqrt{\sigma_{22}}}+\cdots+e_{ip}^*\frac{X_p-\mu_p}{\sqrt{\sigma_{pp}}} \quad (i=1,2,\cdots,p) \tag{3-4-24}$$

主成分分析法的优点主要为：

（1）可消除评价指标之间的相关影响。主成分分析法在对原指标变量进行变换后形成了彼此相互独立的主成分，而且实践证明指标之间的相关程度越高，主成分分析效果越好。

（2）指标选择相对容易，可减少指标选择的工作量。其他评价方法由于难以消除评价指标间的相关影响，所以选择指标时要花费不少精力，而主成分分析由于可以消除这种相关影响，所以在指标选择上相对容易些。

主成分分析法的缺点主要为：

（1）变量降维后的信息量须保持在一个较高水平上。在主成分分析中，首先应保证所提取的前几个主成分的累积贡献率达到一个较高的水平，其次对这些被提取的主成分必须都能够给出符合实际背景和意义的解释，否则主成分将空有信息量而无实际含义。

（2）主成分的解释一般带有模糊性，不像原始变量的含义那么清楚、确切，这是变量降维过程中不得不付出的代价。因此，主成分分析法提取的主成分个数 m 通常应明显小于原始变量个数 p（除非 p 本身较小），否则维数降低的"利"可能抵不过主成分含义不如原始变量清楚的"弊"。

3.4.3.2　指标界限划分方法

在最终确定的缝洞型碳酸盐岩注气效果评价指标中，如何确定各指标的划分界限是一个关键的问题。在现场实践中，通常的做法是在指标的变化曲线上将曲线转折点作为指标界限。然而该方法最终确定的指标界限很难在油藏工程意义上进行解释，且想要在最终统计的指标曲线上找到一个合适的转折点是较为困难的。笔者在大量调研前人研究成果的基础上提出了指标界限划分的三类方法:德尔菲法、聚类分析法、因素分析法。

1) 德尔菲法

德尔菲(Delphi)法,也称为专家打分法,是指通过匿名方式征询有关专家的意见,对专家意见进行统计、处理、分析和归纳,客观地综合多数专家经验与主观判断,对大量难以采用技术方法进行定量分析的因素做出合理估算,经过多轮意见征询、反馈和调整后,对可实现程度进行分析的方法。

该方法的特点是由专家利用实际经验得出指标划分界限,具有较高的现场实际应用价值,但同时缺点也十分明显,即完全依靠主观经验使得确定的指标界限缺乏客观性,对其他区块的可推广性和指导性不强。

2) 聚类分析法

聚类分析(cluster analysis,CA)是非监督模式识别的重要分支,在模式识别、数据挖掘、计算机视觉以及模糊控制等领域有着广泛的应用,是近年来得到迅速发展的一个研究热点。聚类与分类的不同之处在于聚类所要求划分的类是未知的。聚类是将数据分类到不同的类或者簇的一个过程,所以同一簇中的对象有很大的相似性,而不同簇间的对象有很大的相异性。

这里采用 K-均质聚类的动态聚类分析方法,其核心是根据函数准则进行分化的聚类算法,使聚类准则函数最小化,具体流程为:

设待分类的模式特征矢量集为 $\{\boldsymbol{x}_1,\boldsymbol{x}_2,\cdots,\boldsymbol{x}_n\}$,类的数目 c 是取定的。取定 c 个类别并选取 c 个初始聚类中心,按最小距离原则将各模式分配到 c 类中的某一类中,不断地计算聚类中心,调整各模式的类别使每个模式的特征矢量到其所属类别的距离平方之和最小。其算法步骤如下:

设 c 个模式特征矢量作为初始聚类中心:

$$\bar{z}_1^{\{0\}},\bar{z}_2^{\{0\}},\cdots,\bar{z}_c^{\{0\}} \tag{3-4-25}$$

式中　$\bar{z}_i^{\{0\}}$——第 i 个初始(0 次)聚类中心的特征矢量。

将待分类的模式特征矢量集 $\{\bar{x}_i\}$ 中的模式逐个按最小距离原则分划给 c 类中的某一类。如果:

$$d_{ik}^{\{k\}}=\min_j|d_{ij}^{\{k\}}|\quad(i=1,2,\cdots,n) \tag{3-4-26}$$

则判:

$$\bar{\boldsymbol{x}}\in w_i^{\{k+1\}} \tag{3-4-27}$$

式中　k——迭代次数;

$d_{ij}^{\{k\}}$——第 k 次迭代中待分类特征矢量与聚类中心的距离(即 $\bar{x}_i$ 和 $w_i^{\{k\}}$ 的中心 $\bar{z}_i^{\{k\}}$ 的距离);

$w_i^{\{k+1\}}$——第 i 个新的聚类。

计算重新分类后的各聚类中心:

$$\bar{z}_j^{\{k+1\}}=\frac{1}{n_j^{\{k+1\}}}\sum_{i=1}^n\bar{x}_i\quad(j=1,2,\cdots,c) \tag{3-4-28}$$

式中 $n_j^{(k+1)}$ ——$w_j^{(k+1)}$ 类中所含模式的个数。

如果：

$$\bar{z}_j^{(k+1)} \neq \bar{z}_j^{(k)} \quad (j=1,2,\cdots,c) \tag{3-4-29}$$

则转至判定式(3-4-28)。如果：

$$\bar{z}_j^{(k+1)} = \bar{z}_j^{(k)} \tag{3-4-30}$$

则结束计算。

聚类分析法不仅可以用于样本聚类，而且可以用于变量聚类，即对 m 个指标进行聚类。因为指标太多时不能全部考虑，需要提取出主要指标，而往往指标之间又有很多相关联的地方，所以可以先对变量聚类，然后从每一类中选出一个代表性的指标，这样就可以大大减少指标，并且不会造成巨大的信息丢失。

聚类分析法是研究"物以类聚"的一种科学有效的方法。做聚类分析时，出于不同的目的和要求，可以选择不同的统计量和聚类方法。宏观上看，聚类分析的核心优点是其具有直观的分类效果，计算速度相对较快，但其缺点为：

（1）无法确定 K 的个数；

（2）对离群点敏感，容易导致中心点偏移；

（3）算法复杂度不易控制，迭代次数可能较多；

（4）为局部最优解而不是全局最优解；

（5）结果不稳定。

3）因素分析法

因素分析法又称指数因素分析法，是利用统计指数体系分析现象总变动中各个因素影响程度的一种统计分析方法。因素分析法是现代统计学中一种重要且实用的方法，它是多元统计分析的一个分支。该方法能够将一组反映事物性质、状态、特点等的变量简化为少数几个能够反映事物内在联系的、固有的、决定事物本质特征的因素。

在注气效果评价中，不同的指标之间常常存在基于油藏工程原理的一定内部联系，针对某些指标，进行二维关系分析，即可确定其指标界限范围。

3.4.3.3 效果综合评价方法

1）模糊综合评价法

碳酸盐岩缝洞型油藏注气开发效果的影响因素很多，前面已确定了一些影响因素，并建立了相应的指标评价体系，但是有些评价指标或指标体系也受到很多因素的影响，并且各因素关系复杂，特别是在注气开发潜力评价的地质特征因素构成的指标体系中。鉴于有些因素对油田气驱开发潜力的评价不够精准或者评判结果不十分确切这种模糊性，引入模糊数学中的模糊综合评判理论，可以将注气效果影响因素引入注气综合效果中进行考虑。

模糊综合评价是一种基于主观信息的综合评价方法。实践证明，综合评价结果的可靠性和准确性依赖于合理选取因素、因素的权重分配和综合评价的合成算子等。因此，必须根据具体综合评价问题的目的、要求及其特点，从中选取合适的评价模型和算法，使所做的评价更加客观、科学和有针对性。

模糊综合评价应用的关键在于模糊综合评判矩阵的建立。模糊综合评判矩阵是由单因素评判向量构成的。同时,要注意评判指标的属性,合理选择隶属函数。进行综合评价时,要根据问题的实际情况选择恰当的模型进行计算。

对于一个普通的集合,一个元素要么属于这个集合,要么不属于这个集合,两者必居其一且仅居其一,即这个元素表现出"非此即彼"的特性。但对于一个模糊集合,一个元素就不能明确地与之划清界限了,而是用闭区间 $[0,1]$ 上的实数来表示这个元素对模糊集合的一种隶属程度。因此,这种"非此即彼"的特性便转化为"亦此亦彼"的特性。将这种"亦此亦彼"的模糊概念用定量的数值表达出隶属程度,这就是应用模糊数学进行评价的出发点。

对于论域 U 中的每一个元素 $x \in U$ 和某一个子集 $A \in U$,有 $x \in A$ 或 $x \notin A$,二者有且仅有一个成立。于是,对于子集 A 定义映射:

$$\mu_A : U \to [0,1] \tag{3-4-31}$$

如果给定了一个映射:

$$\mu_A : U \to [0,1], \quad x \mapsto \mu_A(x) \in [0,1] \tag{3-4-32}$$

则就确定了一个模糊集 A,其映射 μ_A 称为模糊集 A 的隶属函数。

当论域 $U = \{x_1, x_2, \cdots, x_n\}$ 为有限集时,若 A 是 U 上的任一个模糊集,则其隶属度为 $\mu_A(x_i)(i=1,2,\cdots,n)$,通常有以下 3 种表示方法。

(1) 将论域中的元素 x_i 与其隶属度 $\mu_A(x_i)$ 构成序偶来表示 A。

$$A = \{(x_1, \mu_A(x_1)), (x_2, \mu_A(x_2)), \cdots, (x_n, \mu_A(x_n))\} \tag{3-4-33}$$

在这种表示方法中,隶属度为 0 的项可不写入。

(2) 向量表示法为:

$$A = \{\mu_A(x_1), \mu_A(x_2), \cdots, \mu_A(x_n)\} \tag{3-4-34}$$

在向量表示法中,隶属度为 0 的项不能省略。

模糊综合评价通常包括以下 3 个方面:设与被评价事物相关的因素有 n 个,记为 $U = \{u_1, u_2, \cdots, u_n\}$,称之为因素集;又设所有可能出现的评语有 m 个,记为 $V = \{v_1, v_2, \cdots, v_m\}$,称之为评判集;由于各种因素所处地位不同,作用也不一样,通常考虑用权重来衡量,记为 $A = \{a_1, a_2, \cdots, a_n\}$。

模糊综合评价通常按以下步骤进行。

(1) 确定因素集:

$$U = \{u_1, u_2, \cdots, u_n\} \tag{3-4-35}$$

式中　u_i——第 i 个评判因素。

(2) 确定评判集:

$$V = \{v_1, v_2, \cdots, v_m\} \tag{3-4-36}$$

式中　v_i——第 i 个评判结论。

(3) 进行单因素评判:

$$r_i = \{v_{i1}, v_{i2}, \cdots, v_{im}\} \tag{3-4-37}$$

式中　m——被评价事物的相关因素。

（4）构造综合评判矩阵：

$$R = \begin{bmatrix} r_{11} & r_{12} & \cdots & r_{1m} \\ r_{21} & r_{22} & \cdots & r_{2m} \\ \vdots & \vdots & & \vdots \\ r_{n1} & r_{n2} & \cdots & r_{nn} \end{bmatrix}$$

(3-4-38)

（5）构建评判权重：

$$A = \{a_1, a_2, \cdots, a_n\}$$

(3-4-39)

（6）计算 $B = A \circ R$，并根据最大隶属度原则做出评判。

在进行综合评判时，根据算子 $\circ$ 的不同定义，可以得到不同的模型。

① 模型 I：$M(\wedge, \vee)$——主因素决定型。

运算法则为：

$$b_j = \max\{(a_i \wedge r_{ij}), i = 1, 2, \cdots, n\} \quad (j = 1, 2, \cdots, m)$$

(3-4-40)

② 模型 II：$M(\cdot, \vee)$——主因素突出型。

运算法则为：

$$b_j = \max\{(a_i \cdot r_{ij}), i = 1, 2, \cdots, n\} \quad (j = 1, 2, \cdots, m)$$

(3-4-41)

模糊综合评价方法最终的追求不是"模糊"而是"精确"。该综合评价法根据模糊数学的隶属度理论把定性评价转化为定量评价，即用模糊数学对受到多种因素制约的事物或对象做出一个总体的评价。该方法具有结果清晰、系统性强的特点，能较好地解决模糊的、难以量化的问题，适合各种非确定性问题的解决。其显著优点主要有：

（1）通过精确的数字手段处理模糊的评价对象，能对蕴藏信息呈现模糊性的资料做出比较科学、合理、贴近实际的量化评价；

（2）评价结果是一个矢量，而不是一个点值，包含的信息比较丰富，既可以比较准确地刻画被评价对象，又可以进一步加工，得到参考信息。

其缺点主要有：

（1）计算复杂，指标权重矢量确定的主观性较强；

（2）当指标集 U 较大，即指标集个数较多时，在权矢量和为 1 的条件约束下，相对隶属度权系数往往偏小，权矢量与模糊矩阵 R 不匹配，结果会出现超模糊现象，分辨率很差，无法区分谁的隶属度更高，甚至造成评判失败，此时可用分层模糊评估法加以改进。

2）BP 神经网络方法

BP(back propagation)神经网络于 1986 年由 Rinehart 和 Mc Cleland 领导的科学家小组提出，是一种按误差逆传播算法训练的多层前馈网络，是目前应用最广泛的神经网络模型之一。BP 神经网络能学习和存储大量的输入-输出模式映射关系，无须事前揭示描述这种映射关系的数学方程。它的学习规则是使用最速下降法，通过反向传播不断地调整网络的权值和阈值，使网络的误差平方和最小。BP 神经网络模型拓扑结构包括输入层（input layer）、隐含层（hide layer）和输出层（output layer）（图 3-4-3）。

神经网络的学习可以理解为：对确定的网络结构，寻找一组满足要求的权系数，使给定的误差函数最小。设计多层前馈网络时，主要侧重通过实验探讨多种模型方案，并在实验中改进，直到选取一个满意方案为止，具体可按下列步骤进行：

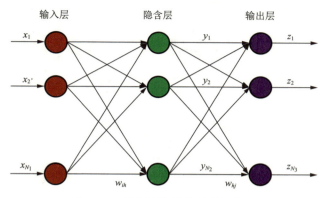

图 3-4-3　神经网络结构关系示意图

（1）对任何实际问题首先都只选用一个隐含层；

（2）使用很少的隐含层节点数；

（3）不断增加隐含层节点数，直到获得满意性能为止，否则再采用两个隐含层重复上述过程。

训练过程实际上是根据目标值与网络输出值之间误差的大小反复调整权值和阈值，直到误差达到预定值为止。

BP 神经元（节点）只模仿生物神经元所具有的 3 个最基本也是最重要的功能：加权、求和与转移。其中，$x_1,x_2,\cdots,x_i,\cdots,x_n$ 分别代表来自神经元 $1,2,\cdots,i,\cdots,n$ 的输入；w_{j1}，$w_{j2},\cdots,w_{ji},\cdots,w_{jn}$ 则分别表示神经元 $1,2,\cdots,i,\cdots,n$ 与第 j 个神经元的连接强度，即权值；b_j 为阈值；$f(\cdot)$ 为传递函数；y_j 为第 j 个神经元的输出。

第 j 个神经元的净输入值 S_j 为：

$$S_j = \sum_{i=1}^{n} w_{ji}x_i + b_i = \boldsymbol{W}_j\boldsymbol{X} + b_j \tag{3-4-42}$$

其中：

$$\boldsymbol{X}=[x_1,x_2,\cdots,x_i,\cdots,x_n]^{\mathrm{T}} \tag{3-4-43}$$

$$\boldsymbol{W}_j=[w_{j1},w_{j2},\cdots,w_{ji},\cdots,w_{jn}] \tag{3-4-44}$$

若视 $x_0=1,w_{j0}=b_j$，即令 $\boldsymbol{X}$ 及 $\boldsymbol{W}_j$ 包括 x_0 及 w_{j0}，则：

$$\boldsymbol{X}=[x_0,x_1,x_2,\cdots,x_i,\cdots,x_n]^{\mathrm{T}} \tag{3-4-45}$$

$$\boldsymbol{W}_j=[w_{j0},w_{j1},w_{j2},\cdots,w_{ji},\cdots,w_{jn}] \tag{3-4-46}$$

BP 算法由数据流的正向传播（前向计算）和误差信号的反向传播两个过程构成。正向传播时，传播方向为输入层→隐含层→输出层，每层神经元的状态只影响下一层神经元（图3-4-4）。若在输出层得不到期望的输出，则转向误差信号的反向传播流程。通过这两个过程的交替进行，在权向量空间执行误差函数梯度下降策略，动态迭代搜索一组权向量，使网络误差函数达到最小值，从而完成信息提取和记忆过程。

设 BP 网络的输入层有 n 个节点，隐含层有 q 个节点，输出层有 m 个节点，输入层与隐含层之间的权值为 v_{kj}，隐含层与输出层之间的权值为 w_{jk}，如图 3-4-4 所示。隐含层的传递函数为 $f_1(\cdot)$，输出层的传递函数为 $f_2(\cdot)$，则隐含层节点的输出为（将阈值写入求和项中）：

$$z_k = f_1\left(\sum_{i=0}^{n} v_{kj}x_i\right) \quad (k=1,2;j=1,2,\cdots,n) \tag{3-4-47}$$

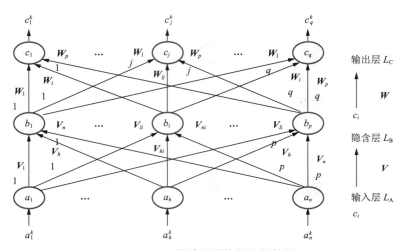

图 3-4-4 三层神经网络的拓扑结构

输出层节点的输出为：

$$y_i = f_2\left(\sum_{k=0}^{m} w_{jk} z_k\right) \quad (j = 1, 2, \cdots, m) \tag{3-4-48}$$

至此，BP 网络完成了 n 维空间向量对 m 维空间的近似映射。

确定了网络层数、每层节点数、传递函数、初始权系数、学习算法等也就确定了 BP 网络。确定这些选项时有一定的指导原则，但更多的是靠经验和试凑。

（1）隐含层数的确定。1998 年，Robert Hecht-Nielson 证明了对任何在闭区间内的连续函数，都可以用一个隐含层的 BP 网络来逼近，因而一个 3 层的 BP 网络可以完成任意的 n 维到 m 维的映照。因此，从含有一个隐含层的网络开始进行训练。

（2）BP 网络常用传递函数。BP 网络的传递函数有多种。log-sigmoid 型函数的输入值可取任意值，输出值在 0 和 1 之间；tan-sigmoid 型传递函数的输入值可取任意值，输出值在 −1 到 +1 之间；线性传递函数 purelin 的输入与输出值可取任意值。BP 网络通常有一个或多个隐含层，该层中的神经元均采用 sigmoid 型传递函数，输出层的神经元则采用线性传递函数，整个网络的输出可以取任意值。

只改变传递函数，其余参数均固定，利用样本集训练 BP 网络时发现，传递函数使用 tansig 函数时要比 logsig 函数的误差小。因此，在以后的训练中隐含层传递函数改用 tan-sig 函数，输出层传递函数仍选用 purelin 函数。

多层前向 BP 网络是目前应用最多的一种神经网络形式，它具备神经网络的普遍优点，但也不是非常完美。为了更好地理解如何应用神经网络进行问题求解，这里对它的优缺点展开讨论。BP 神经网络的主要优点有：

（1）具有较强的非线性映射能力。BP 神经网络实质上实现了一个从输入到输出的映射功能，数学理论证明 3 层神经网络就能够以任意精度逼近任何非线性连续函数。这使其特别适合于求解内部机制复杂的问题。

（2）具有较强的自学习和自适应能力。BP 神经网络在训练时能够通过学习自动提取输入、输出数据间的"合理规则"，并自适应地将学习内容记忆于网络的权值中。

BP 神经网络的主要缺点有：

（1）存在局部极小化问题。从数学角度来看，传统的 BP 神经网络为一种局部搜索的优化方法，它要解决的是一个复杂非线性化问题，网络的权值是通过沿局部改善的方向逐渐进行调整的，这样会使算法陷入局部极值，权值收敛到局部极小点，从而导致网络训练失败。加上 BP 神经网络对初始网络权重非常敏感，以不同的权重初始化网络，其往往会收敛于不同的局部极小，这也是很多学者每次训练得到不同结果的根本原因。

（2）收敛速度慢。由于 BP 神经网络算法本质上为梯度下降法，而它所要优化的目标函数是非常复杂的，因此必然会出现"锯齿形"现象，这使得 BP 算法较低效；又由于优化的目标函数很复杂，必然会在神经元输出接近 0 或 1 的情况下出现一些平坦区，在这些区域内，权值误差改变很小，使训练过程几乎停顿；为了使网络执行 BP 算法，不能使用传统的一维搜索法求每次迭代的步长，而必须把步长的更新规则预先赋予网络，但这种方法也会导致算法低效。

3.4.4　注气效果综合评价

3.4.4.1　注氮气指标界限划分

按照上述评价原则，应用德尔菲、聚类分析、因素分析方法，分单井注氮气和单元注氮气，对缝洞型油藏注氮气效果评价指标进行计算与划分，将各项指标划分为 3 个级别，与"好""中""差"相对应。具体计算结果见表 3-4-10 和表 3-4-11。

表 3-4-10　缝洞型油藏单井注氮气效果评价指标界限划分结果

注气前				注气中				注气后			
指标类型	好	中	差	指标类型	好	中	差	指标类型	好	中	差
提高采收率/%	≥6	2~6	≤2	累积注采比	≤1.1	1.1~1.8	≥1.8	累积注采比	≤0.8	0.8~1.9	≥1.9
自然递减率/%	≤12	12~23	≥23	轮次存气率/%	≥92	78~92	≤78	轮次存气率/%	≥92	75~92	≤75
能量保持程度/%	≥92	85~92	≤85	累积增油量/t	≥800	300~800	≤300	累积增油量/t	≥800	400~800	≤400
含水上升率/%	≤2.5	2.5~6.2	≥6.2	提高采收率/%	≥7	3~7	≤3	提高采收率/%	≥6.5	2~6.5	≤2
存水率/%	≥60	25~60	≤25	周期增油量/t	≥500	200~500	≤200	平均日增油水平/(t·d⁻¹)	≥8.5	2.5~8.5	≤2.5
累积注采比	≤0.25	0.25~0.58	≥0.58	平均日增油水平/(t·d⁻¹)	≥8.9	3.5~8.9	≤3.5	方气换油率/%	≥0.24	0.12~0.24	≤0.12
				轮次方气换油率/(t·m⁻³)	≥0.35	0.15~0.35	≤0.15				

表 3-4-11　缝洞型油藏单元注氮气效果评价指标界限划分结果

注气前				注气中				注气结束			
指标类型	好	中	差	指标类型	好	中	差	指标类型	好	中	差
提高采收率/%	≤0.2	0.2~0.5	≥0.5	累积注采比	≤0.25	0.25~0.67	≥0.67	累积注采比	≤0.25	0.25~0.6	≥0.6
自然递减变化率/%	≤20	20~35	≥35	自然递减变化率/%	≤−3	−3~1.5	≥1.5	自然递减变化率/%	≤−2	−2~2	≥2
能量保持程度/%	≥86	78~86	≤78	存气率/%	≥87	72~87	≤72	存气率/%	≥75	65~75	≤65
含水上升率/%	≤−1	−1~6	≥6	含水变化率/%	≤−20	−20~19	≥19	含水变化率/%	≤−20	−20~20	≥20
存水率/%	≥65	22~65	≤22	累积增油量/(10⁴ t)	≥5	1~5	≤1	累积增油量/(10⁴ t)	≥2.5	0.9~2.5	≤0.9
累积注采比	≤0.25	0.25~0.58	≥0.58	提高采收率/%	≥7	3~7	≤3	提高采收率/%	≥6.5	2~6.5	≤2
				周期增油量/(10⁴ t)	≥2	0.6~2	≤0.6	平均日增油水平/(m³·d⁻¹)	≥18	7~18	≤7
				平均日增油水平/(m³·d⁻¹)	≥25	10~25	≤10	方气换油率/(t·m⁻³)	≥0.5	0.25~0.5	≤0.25
				方气换油率/(t·m⁻³)	≥0.45	0.1~0.45	≤0.1	气驱动用程度/%	≥47	25~47	≤25
				气驱动用程度/%	≥60	45~60	≤45				

3.4.4.2　指标权重划分

1）单井注气

（1）评价矩阵。

根据前期确定的效果评价指标,同时结合油田注水基本原理以及缝洞型油田注水开发关键点,主要基于以下考虑,建立缝洞型碳酸盐岩油藏注氮气单井效果评价体系:

① 评价核心目的。注气开发成本较高,注气效果的评价首先需要评价注气效益,因此核心表征指标为方气换油率。

② 评价基本目标。为凸显注气效果,从不同角度评价注气后增油状况,主要表征指标为提高采收率、累积增油量和周期增油量。

③ 突出评价指标。权重集可体现注气开发常规评价指标的影响,主要表征指标为平均日增油水平。

④ 参考相关技术指标。权重集可体现相关技术参考指标的影响,主要表征指标为存气率和累积注采比。

根据上述原则,分析得到权重方案排序,见表3-4-12。

表 3-4-12　方案重要性排序表

指　标	方气换油率	提高采收率	累积增油量	周期增油量	平均日增油水平	存气率	累积注采比
排　序	1	2	3	4	5	6	7

(2)指标权重。

在排序表的基础上,采用德尔菲方法建立对比矩阵,见表3-4-13。

表 3-4-13　德尔菲层次分析矩阵

	方气换油率	提高采收率	累积增油量	周期增油量	平均日增油水平	存气率	累积注采比
方气换油率	1.00	1.17	1.40	1.75	2.33	3.50	7.00
提高采收率	0.86	1.00	1.20	1.50	2.00	3.00	6.00
累积增油量	0.71	0.83	1.00	1.25	1.67	2.50	5.00
周期增油量	0.57	0.67	0.80	1.00	1.33	2.00	4.00
平均日增油水平	0.43	0.50	0.60	0.75	1.00	1.50	3.00
存气率	0.29	0.33	0.40	0.50	0.67	1.00	2.00
累积注采比	0.14	0.17	0.20	0.25	0.33	0.50	1.00

一致性校验流程如下:

① 最大特征值 λ'_{max} 为:

$$\lambda'_{max} = 7.125 \tag{3-4-49}$$

② 一致性指标 $C.I$ 为:

$$C.I = \frac{\lambda'_{max} - n}{n - 1} = 0.020\ 8 \tag{3-4-50}$$

③ 一致性比率 $C.R$ 为:

$$C.R = \frac{C.I}{R.I} = 0.015\ 3 \tag{3-4-51}$$

因为

$$C.R < 0.1 \tag{3-4-52}$$

所以其一致性较好,可以进行下一步计算。通过计算最终得到注气前、注气中、注气后的权重指标值,见表3-4-14~表3-4-16。其中,提高采收率是注气前评价注气潜力的关键指标,而方气换油率则是注气中与注气后的效果评价关键指标。

表 3-4-14　注气前权重指标分析成果

	提高采收率	自然递减率	能量保持程度	含水上升率	存水率	累积注采比
权　重	0.26	0.22	0.17	0.15	0.12	0.08

表 3-4-15　注气中权重指标分析成果

	方气换油率	提高采收率	累积增油量	周期增油量	平均日增油水平	存气率	累积注采比
权　重	0.25	0.21	0.18	0.14	0.11	0.07	0.04

表 3-4-16　注气后权重指标分析成果

	方气换油率	提高采收率	累积增油量	平均日油水平	存气率	累积注采比
权　重	0.26	0.22	0.17	0.15	0.12	0.08

2）单元注气

（1）评价矩阵。

根据前期确定的效果评价指标,同时结合油田注水基本原理以及缝洞型油田注水开发关键点,主要基于以下考虑,建立缝洞型碳酸盐岩注气单元效果评价体系:

① 评价核心目的。注气开发成本较高,注气效果的评价首先需要评价注气效益,因此核心表征指标为方气换油率。

② 评价基本目标。为凸显注气效果,从不同角度评价注气后增油状况,主要表征指标为提高采收率、累积增油量、周期增油量、气驱动用程度。

③ 突出评价指标。权重集可体现注气开发常规评价指标的影响,主要表征指标平均日增油水平、自然递减率及含水变化率。

④ 参考相关技术指标。权重集可体现相关技术参考指标的影响,主要表征指标为存气率和累积注采比。

根据上述原则,分析得到权重方案排序,见表 3-4-17。

表 3-4-17　方案重要性排序表

指　标	方气换油率	提高采收率	周期增油量	累积增油量	平均日增油水平	自然递减变化率	气驱动用程度	存气率	含水变化率	累积注采比
排　序	1	2	3	4	5	6	7	8	9	10

（2）指标权重。

在排序表的基础上,采用德尔菲方法建立对比矩阵,见表 3-4-18。

表 3-4-18　德尔菲层次分析矩阵

	方气换油率	提高采收率	周期增油量	累积增油量	平均日增油水平	自然递减变化率	气驱动用程度	存气率	含水变化率	累积注采比
方气换油率	1.00	1.11	1.25	1.43	1.67	2.00	2.50	3.33	5.00	10.00
提高采收率	1.00	1.00	1.13	1.29	1.50	1.80	2.25	3.00	4.50	9.00
周期增油量	1.00	0.89	1.00	1.14	1.33	1.60	2.00	2.67	4.00	8.00
累积增油量	1.00	0.78	0.88	1.00	1.17	1.40	1.75	2.33	3.50	7.00
平均日增油水平	1.00	0.67	0.75	0.86	1.00	1.20	1.50	2.00	3.00	6.00

	方气换油率	提高采收率	周期增油量	累积增油量	平均日增油水平	自然递减变化率	气驱动用程度	存气率	含水变化率	累积注采比
自然递减变化率	1.00	0.56	0.63	0.71	0.83	1.00	1.25	1.67	2.50	5.00
气驱动用程度	1.00	0.44	0.50	0.57	0.67	0.80	1.00	1.33	2.00	4.00
存气率	1.00	0.33	0.38	0.43	0.50	0.60	0.75	1.00	1.50	3.00
含水变化率	1.00	0.22	0.25	0.29	0.33	0.40	0.50	0.67	1.00	2.00
累积注采比	1.00	0.11	0.13	0.14	0.17	0.20	0.25	0.33	0.50	1.00

一致性校验流程如下：

① 最大特征值 λ'_{max} 为：

$$\lambda'_{max} = 10.235 \tag{3-4-53}$$

② 一致性指标为：

$$C.I = \frac{\lambda'_{max} - n}{n-1} = 0.026 \tag{3-4-54}$$

③ 一致性比率为：

$$C.R = \frac{C.I}{R.I} = 0.017 \tag{3-4-55}$$

因为

$$C.R < 0.1 \tag{3-4-56}$$

所以其一致性较好，可以进行下一步计算，最终得到注气前、注气中、注气后的权重指标值，见表 3-4-19～表 3-4-21。其中，提高采收率是注气前评价注气潜力的关键指标，方气换油率是注气中的关键指标，提高采收率是注气后的效果评价关键指标。

表 3-4-19　注气前权重指标分析成果

	提高采收率	自然递减率	能量保持程度	含水上升率	存水率	累积注采比
权　重	0.26	0.22	0.17	0.15	0.12	0.08

表 3-4-20　注气中权重指标分析成果

	方气换油率	提高采收率	周期增油量	累积增油量	平均日增油水平	自然递减变化率	气驱动用程度	存气率	含水变化率	累积注采比
权　重	0.20	0.16	0.14	0.11	0.1	0.08	0.07	0.06	0.05	0.03

表 3-4-21　注气后权重指标分析成果

	提高采收率	方气换油率	累积增油量	平均日增油水平	自然递减变化率	气驱动用程度	存气率	含水变化率	累积注采比
权　重	0.18	0.16	0.15	0.13	0.11	0.09	0.07	0.05	0.04

3.4.4.3　注气效果评价

选取评价评分最低的 10 口注气井(见表 3-4-22),分析低分原因。

表 3-4-22　缝洞型油藏注氮气综合效果评价表结果

注气井	岩溶背景	轮次/轮	方气换油率/(t·m⁻³)	累积增油量/t	周期增油量/t	累产油/t	存气率/%	累积注采比	模糊评价	神经网络
TK7201	暗　河	1	0.20	295	277	295	59.25	2.70	5.4	5.3
TK319CH2	风化壳	1	0.07	934	532	850	51.95	2.88	5.0	5.1
TK405CH	风化壳	1	0.11	453	364	453	48.66	2.05	5.2	5.0
TH12515	断溶体	1	0.05	868	386	468	47.64	1.14	5.4	4.8
TK539	风化壳	1	0.08	851	451	603	54.18	1.73	4.3	4.6
S61CH	风化壳	2	0.09	966	315	483	49.69	3.32	5.0	4.3
S7203CH	暗　河	1	0.18	106	106	332	45.27	2.25	3.6	3.7
TK541	风化壳	2	0.07	739	370	370	49.44	4.04	3.5	3.6
TH10299X	断溶体	3	0.15	517	156	172	47.08	1.40	3.2	3.1
S7203CH	暗　河	2	0.12	106	14	53	47.71	6.50	3.2	2.9

对于注气效果最好的井,其单井存气率达到 85%,多数注入气体存留在缝洞体内,对剩余油形成了有效的驱替;对于注气效果较差的井,其单井存气率小于 60%,大量注入氮气无法对剩余油形成有效驱替动用(图 3-4-5)。

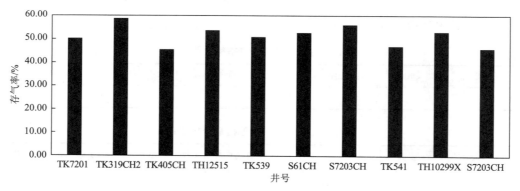

图 3-4-5　注气存气率指标

对于周期增油量指标,多数单井周期增油量在 20~500 t 之间。注气效果最好且单井储量较大的井,其单井周期增油量可接近 1 000 t(图 3-4-6)。

对于累积注采比指标,多数单井累积注采比在 1.14~6.50 之间。对于注气效果最好的井,其单井累积注采比可接近 0.1,对单井剩余油形成了有效的驱替,驱替效率高;对于注气效果较差的井,其单井累积注采比大于 1,注气效果较差(图 3-4-7)。

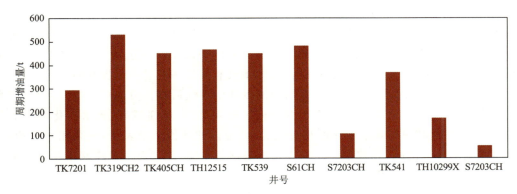

图 3-4-6　注气周期增油量指标

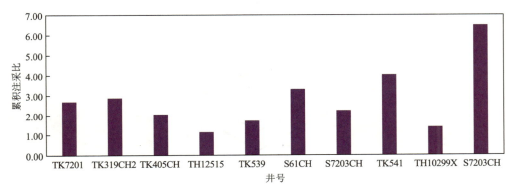

图 3-4-7　注气累积注采比指标

　　综上所述,存气率和累积注采比分布与平均水平差异较少,说明注气量不足并不是影响注气效果低分的主要原因。低分注气井周期增油量远低于注气井平均水平,因此需要具体分析注气失效原因,提升周期增油效果。

　　基于指标界限分布,通过指标三级隶属度关系,综合确定每个指标的分布状况,同时采用雷达图,研究指标均匀性分布状况。三级隶属度关系计算技术路线如图 3-4-8 所示。

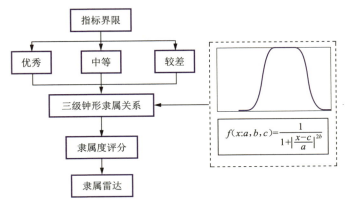

图 3-4-8　三级隶属度关系计算技术路线

f—钟形隶属函数;x—取值参数;a,b,c—钟形隶属函数特征点

（1）单井注气指标评分分布。由缝洞型油藏单井注气中指标分布（图 3-4-9）可知，注气累积注采比、含水变化率与平均日增油水平评价得分相对较低。其中，含水变化率评价得分为 23 分，平均日增油水平评价得分为 32 分，累积注采比评价得分为 23 分。此评价结果表明，注气过程可能存在外逸以及气窜等问题，氮气利用效率有进一步提升的空间。

（2）井组气驱指标评分分布。由缝洞型油藏井组注气后指标分布（图 3-4-10）可知，累积注采比、存气率与气驱动用程度评价得分相对较高，而自然递减率、含水变化率相对较低。其中，自然递减率与含水变化率得分仅为 20 分。此评价结果表明，注采相对平衡，但由于油藏底水相对活跃，导致单一注气方式难以抑制水体，注气对油藏递减率与含水率的改善作用较小，注气效果相对较差。

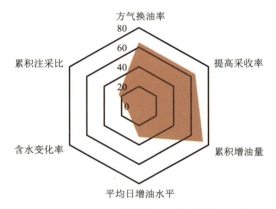

图 3-4-9　缝洞型油藏单井注气中指标分布

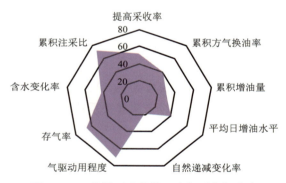

图 3-4-10　缝洞型油藏单元注气后指标分布

第 4 章
缝洞型油藏注氮气配套技术

4.1 注氮气气窜预警

气窜是缝洞型油藏提高气驱采收率的瓶颈。经过近年来的不断攻关,以气窜井组静态地质数据和动态响应资料为基础,利用矿场统计方法、物理模拟、油藏工程、CFD 模拟和数学方法等,明确了缝洞型油藏气窜影响因素,筛选了确定气窜风险评估指标;根据模糊数学理论,建立了气窜预警方法,并指导气驱进行科学选井与气窜防治。

4.1.1 气窜定义及类型划分

1) 气窜定义

参考砂岩油藏气窜定义,当注入气驱油至生产井,气驱前缘突破,生产井见气时,即发生气窜,如图 4-1-1 所示。

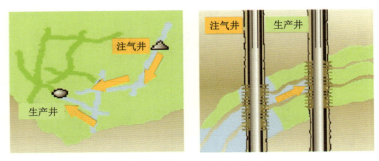

图 4-1-1 井组气窜示意图

2) 气窜类型划分

统计气窜井组的地质背景、储集体类型,结合气窜井组不同轮次气驱受效状况,将气驱井组的气窜划分为三大类,即受效-气窜有效型、受效-气窜无效型和未受效-气窜型,见表 4-1-1。

表 4-1-1 井组气窜分类统计表

注气井	受效井	地质背景	储集体类型	不同轮次气驱受效状况						气窜类型
				第1轮次	第2轮次	第3轮次	第4轮次	第5轮次	第6轮次	
TK439	TK466	风化壳	未充填溶洞型	关井	受效	受效	受效	短期受效后失效，气窜	未受效，气窜	受效-气窜无效型
	TK474			关井	受效	短期受效，失效未见气	气驱失效，气窜	未受效，气窜	未受效，气窜	受效-气窜无效型
TK440	TK421CH		裂缝-孔洞型	未受效，直接气窜						未受效-气窜型
	TK424CH			未受效，直接气窜						未受效-气窜型
TK411	T401		未充填溶洞型	长期受效，失效气窜	短期受效后失效，气窜	未受效，气窜				受效-气窜有效型
TK7-451	TK461	暗河	裂缝-孔洞型	关井	关井	气驱失效，未见气	气驱失效，气窜	未受效，气窜	未受效，气窜	受效-气窜无效型
	K447			受效	受效	受效	短期受效，失效气窜	未受效，气窜	未受效，气窜	受效-气窜无效型
TK861	T701CH	断溶体	溶洞型	受效	长期受效，失效气窜					受效-气窜无效型
TH12149	TH12118		溶洞型	受效	受效	未受效气窜				受效-气窜无效型

续表 4-1-1

注气井	受效井	地质背景	储集体类型	第 1 轮次	第 2 轮次	第 3 轮次	第 4 轮次	第 5 轮次	第 6 轮次	气窜类型
TK742	TK874CH	断溶体	裂缝-孔洞型	短期受效，失效后气窜						受效-气窜无效型
TH12501	TH12301CH			受效	短期受效，失效后气窜	未受效，气窜				受效-气窜无效型
TP218X	TP205X			受效	短期受效，失效后气窜	未受效，气窜				受效-气窜无效型
TH12137	TH121111			未受效，气窜	未受效，气窜					未受效-气窜型
	TH12104			受效	长期受效，失效后气窜					受效-气窜无效型
TK852CX	TK725			受效	短期受效，失效后气窜	短期受效，失效后气窜	短期受效，失效后气窜	短期受效，气窜		受效-气窜有效型
	S91			受效	未受效气窜	关井	关井	关井	关井	受效-气窜无效型
S91	TK832CH		裂缝型	短期受效，失效后气窜			未受效，气窜			受效-气窜无效型

3）不同类型气窜井组气窜特征

对比井组气窜动态指标和静态地质资料,结果表明不同类型气窜井组静、动态特征存在明显差异。

（1）受效-气窜有效型。

受效-气窜有效型井组有 2 个,约占总气窜井组的 16.7％。以 TK411—T401 井组为例,井组动态曲线如图 4-1-2 所示。

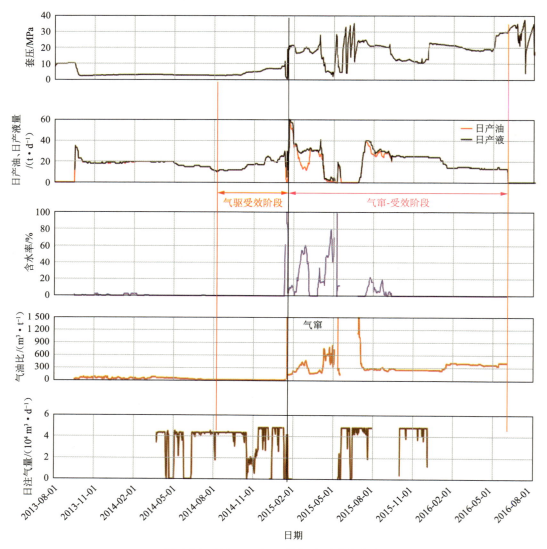

图 4-1-2　TK411—T401 井组注采动态曲线

由图 4-1-2 可以看出,受效-气窜有效型井组动态曲线可以分为以下 2 个阶段。

① 气驱受效阶段:套压缓慢增加,产液量上升,无水生产或含水率下降,气油比平稳波动。

② 气窜-受效阶段:前期套压急剧增大,产液量明显增加,含水率增大,产油量下降,气

油比增大;后期套压增加后平稳波动,产液量平稳,含水波动下降或无水生产,气油比下降。

TK411—T401 井组气驱示踪剂产出动态曲线(图 4-1-3)存在两个波峰,研究表明该井组井间发育两条气驱路径。

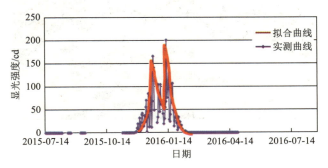

图 4-1-3　TK411—T401 井组气驱示踪剂产出动态曲线

此外,TK411—T401 井组位于局部构造高点(图 4-1-4),井组间储集体沿断裂发育(图 4-1-5)。

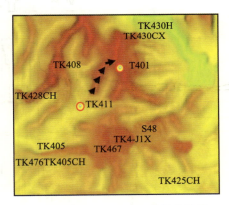

图 4-1-4　TK411—T401 井组构造图

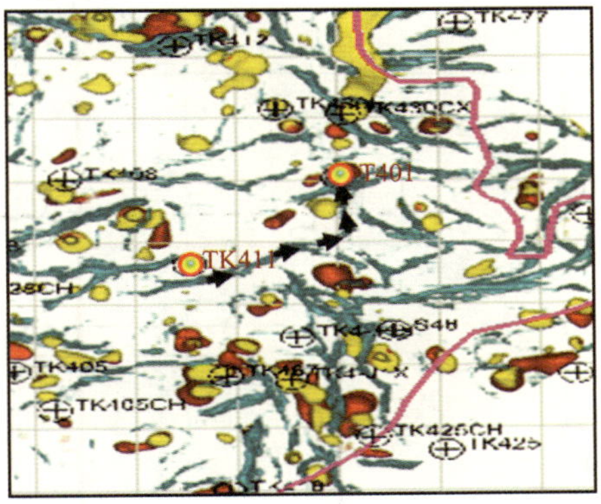

图 4-1-5　TK411—T401 井组断裂储集体展布图

TK411—T401 井组气驱示踪剂、构造和井间储集体展布特征研究表明,该井组沿构造山脊和井间断裂发育两条气驱路径。

TK411—T401 井组纵向气驱波及高度达 53 m,井间发育构造残丘型储集体,如图 4-1-6 所示。

研究表明,该井组发育两条气驱路径,且井间残丘型储集体发育,气驱受效;当其中一条气驱路径突破后,另一条路径仍可有效驱油。

(2)受效-气窜无效型。

受效-气窜无效型井组有 8 个,约占总气窜井组的 66.7%。以 TK439—TK466 井组为例,井组动态曲线如图 4-1-7 所示。

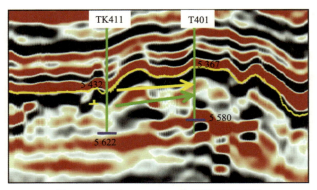

图 4-1-6　TK411—T401 井组地震剖面图

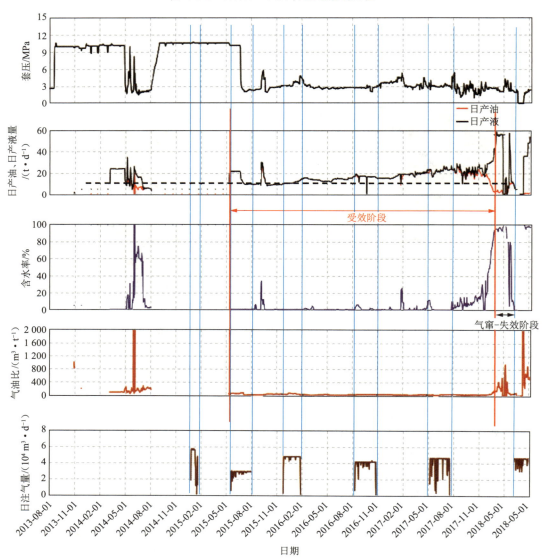

图 4-1-7　TK439—TK466 井组注采动态曲线

由图 4-1-7 可以看出,受效-气窜无效型井组动态曲线可以划分为以下 2 个阶段。

① 气驱受效阶段:套压平稳波动,产液量上升,无水生产或含水率下降,气油比平稳波动。

② 气窜-失效阶段:套压急剧增大,产液量明显增加,产油量下降,含水率增大,气油比增大。

TK439—TK466 井组位于高部位构造条带(图 4-1-8),井组间残丘型储集体发育,阁楼油丰富(图 4-1-9)。

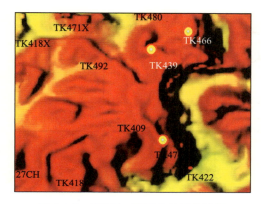

图 4-1-8　TK439—TK466 井组构造图

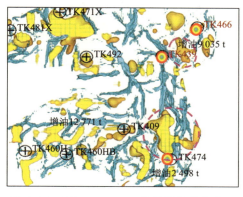

图 4-1-9　TK439—TK466 井组储集体分布图

TK439—TK466 井组沿 T_7^4 顶面注采(图 4-1-10),注入气主要沿 T_7^4 顶面构造山脊波及洞顶阁楼油,当气驱前缘逼近生产井井底时,表现出气驱受效后气窜失效特征。残丘型储集体发育规模越大,气驱效果越好。

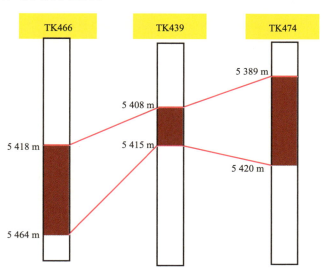

图 4-1-10　TK439—TK466 井组连井剖面图

（3）未受效-气窜型。

未受效-气窜型井组有 2 个,占总气窜井组的 16.7％。以 TK440—TK424CH 井组为例,井组动态曲线如图 4-1-11 所示。

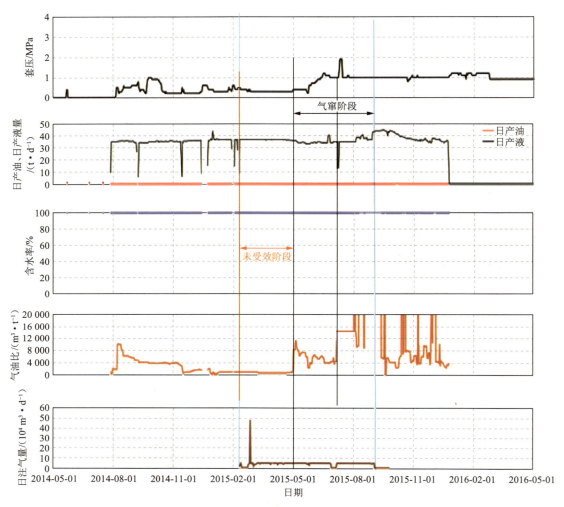

图 4-1-11 TK440—TK424CH 井组注采动态曲线

由图 4-1-11 可以看出,未受效-气窜型井组动态曲线可以分为以下 2 个阶段。

① 气驱未受效阶段:产液量稳定,产油量低,含水率高,产能无明显变化。

② 气窜阶段:套压急剧增大,气油比大幅度上升。

TK440—TK424CH 井组位于构造斜坡位置,井间无构造高点(图 4-1-12),井组间残丘型储集体不发育(图 4-1-13)。

TK440—TK424CH 井组下注上采(图 4-1-14),井间残丘型储集体不发育,沿 T_7^4 顶面气窜。

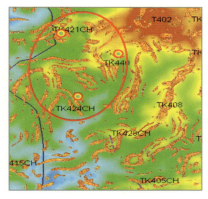

图 4-1-12　TK440—TK424CH 井组构造图

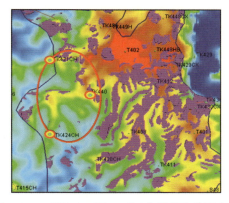

图 4-1-13　TK440—TK424CH 井组储集体展布图

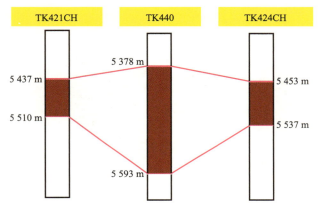

图 4-1-14　TK440—TK424CH 井组连井剖面图

4.1.2　气窜影响因素

　　井间储集体类型、底水能量、注气速度、注气参数均影响井组间气窜，不同岩溶地质条件的气窜主控因素不明确，防窜缺乏依据。据此，利用测井、地震等方法，解释储集体类型及物性参数，预测储集体内部结构、空间配置关系，建立井组概念地质模型，并结合井组产出动态特征对模型进行修改完善。研究中，主要利用物理模拟方法，从地质背景、储集体类型、底水能量、注气速度、注采关系等方面分析气窜影响因素。

　　1）地质背景

　　针对 12 个井组气窜（17 个井对）的地质背景进行分类统计，其中断溶体型气窜井对有 10 个，占总气窜井对的 58.8%；风化壳型气窜井对有 5 个，占总气窜井对的 29.4%；古暗河型气窜井对有 2 个，占总气窜井对的 11.8%。统计研究表明，断溶体型井组气窜风险高。

　　2）储集体类型

　　针对 12 个井组气窜（17 个井对）的地质背景进行分类统计，其中裂缝型、裂缝-孔洞型气窜井对有 12 个,占总气窜井对的 70.6%;溶洞型气窜井对有 5 个,占总气窜井对的 29.4%。研究表明,裂缝型和裂缝-孔洞型井对更易发生气窜。

3) 底水能量

以三维仿真模型(图 4-1-15)为基础,开展不同底水能量氮气驱实验研究。

图 4-1-15　气驱三维仿真模型实验分布图

设计两组不同底水能量的氮气驱替模拟实验,底水能量分别为 10 mL/min(弱底水)和 20 mL/min(强底水)。转注水 10 mL/min,转注气 4 mL/min。不同底水能量下,模型气驱产出动态曲线如图 4-1-16、图 4-1-17 所示。

底水能量越强,底水和井底的压差越大,越易形成水流优势通道,造成油井快速水淹,致使波及范围减小,采出程度降低。实验研究表明,底水能量越强,气窜发生得越早(图 4-1-18)。

4) 注气速度

以二维剖面模型(图 4-1-19)为基础,开展不同注气速度氮气驱替实验研究。保持其他注入参数不变,分别设计注气速度为 1 mL/min,3 mL/min 和 6 mL/min。

第 1 组气驱实验(图 4-1-20):初始状态,模型饱和原油,注采关系为上注下采型,注气速度为 1 mL/min;气驱过程中,注入气体优先波及顶部剩余油;当注采井间垂向连通程度高时,注入气体可形成垂向波及区域,后上升至模型顶部,气驱前缘逼近生产井井底,模型发生气窜。

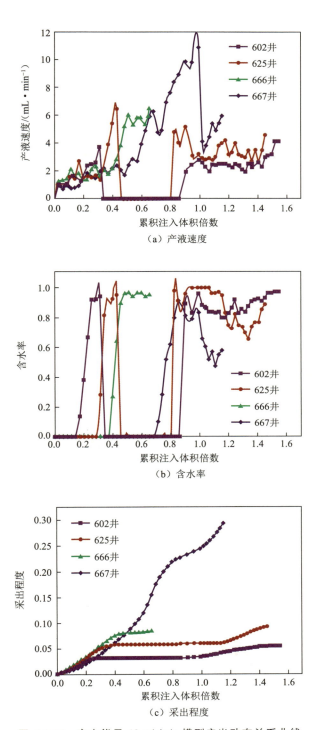

（a）产液速度

（b）含水率

（c）采出程度

图 4-1-16　底水能量 10 mL/min 模型产出动态关系曲线

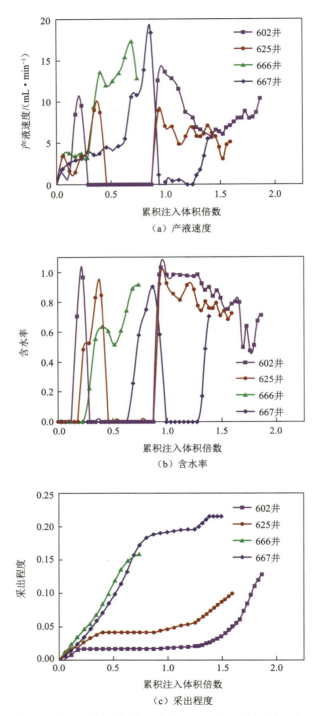

（a）产液速度

（b）含水率

（c）采出程度

图 4-1-17 底水能量 20 mL/min 模型产出动态关系曲线

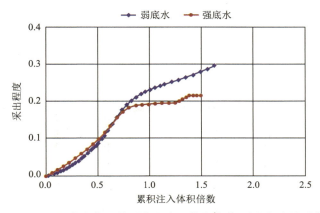

图 4-1-18　不同底水能量模型累积注入体积倍数-采出程度关系曲线

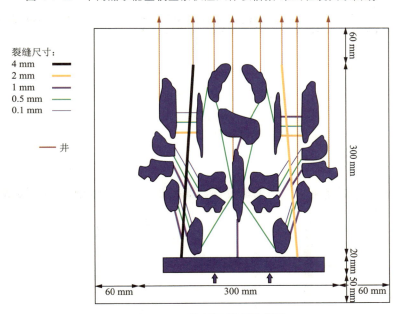

图 4-1-19　二维剖面模型示意图

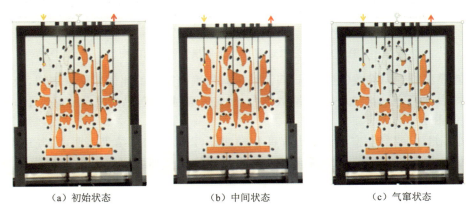

（a）初始状态　　　　　　　（b）中间状态　　　　　　　（c）气窜状态

图 4-1-20　注气速度 1 mL/min 模型气驱状态图

第 2 组气驱实验(图 4-1-21):初始状态,模型饱和原油,注采关系为上注下采型,注气速度为 3 mL/min;气驱过程中,随着注气量的增大,注入气体未发生油气重力分异,部分气体沿垂向往下波及;当注采井间下部连通程度高时,注入气体易沿高速导流通道窜至生产井井底,模型发生气窜,井间滞留大量剩余油。

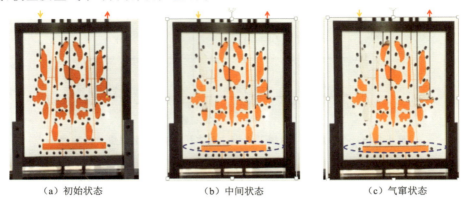

（a）初始状态　　　　　　（b）中间状态　　　　　　（c）气窜状态

图 4-1-21　注气速度 3 mL/min 模型气驱状态图

第 3 组气驱实验(图 4-1-22):初始状态,模型饱和原油,注采关系为上注下采型,注气速度为 6 mL/min;气驱过程中,随着注气量的增大,注入气体未发生油气重力分异,部分气体沿垂向往下波及;当注采井间下部连通程度高时,注入气体易沿高速导流通道窜至生产井井底,模型发生气窜,井间滞留大量剩余油。

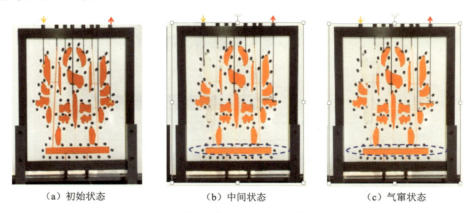

（a）初始状态　　　　　　（b）中间状态　　　　　　（c）气窜状态

图 4-1-22　注气速度 6 mL/min 模型气驱状态图

计算模型的重力准数(定义为横向注采压差与垂向重力的比值),结果表明,模型注气速度越大,注采压差 Δp 越大,重力准数越大,横向窜逸越严重,纵向波及范围越小,驱油效率越低,如图 4-1-23 所示。

此外,对比 3 组气驱实验的采出程度和换油率(图 4-1-24),结果表明,注气速度越大,采出程度越小,而换油率先增大后降低,因此合理的注气速度可以有效提高模型的驱油效率。

研究表明,注气速度越大,越容易发生气窜。

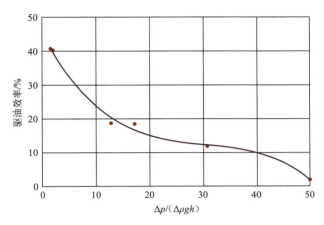

图 4-1-23 驱油效率-模型重力准数关系曲线

$\Delta\rho gh$—垂向重力

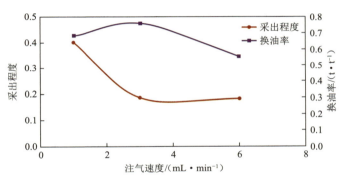

图 4-1-24 采出状况-注气速度关系曲线

5）注采关系

依据注气井和生产井的空间位置，设计注采关系，主要包括顶部注采、下注上采和上注下采 3 种，如图 4-1-25 所示。

（1）顶部注采：注气井接近 T_7^4 顶面注气，生产井接近 T_7^4 顶面生产。气驱过程中，气驱前缘沿 T_7^4 顶面窜入生产井井底。

（2）下注上采：注气井位于 T_7^4 顶面下部注气，生产井接近 T_7^4 顶面生产。气驱过程中，气驱前缘纵向往上波及，贴近 T_7^4 顶面窜入生产井井底。

（3）上注下采：注气井接近 T_7^4 顶面注气，生产井位于 T_7^4 顶面下部生产。气驱过程中，气驱前缘纵向往下波及，并窜入生产井井底。

图 4-1-25 注采关系示意图

145

实验模型选用二维剖面模型,开展下注上采气驱实验研究(图 4-1-26),中心井低部位注气,边部井高部位采油。气驱至 420 s 时,生产井发生气窜,气窜时的模型驱油效率为 60.8%(图 4-1-27)。

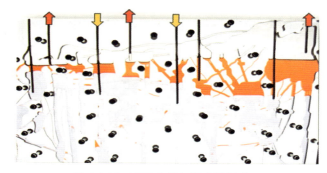

图 4-1-26　下注上采气驱实验展布图

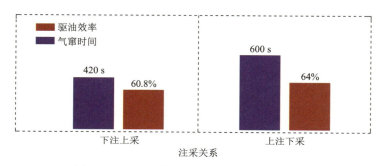

图 4-1-27　不同注采关系实验数据对比直方图

开展上注下采气驱实验研究(图 4-1-28),中心井高部位注气,边部井低部位采油。气驱至 600 s 时,生产井发生气窜,气窜时的模型驱油效率为 64%。

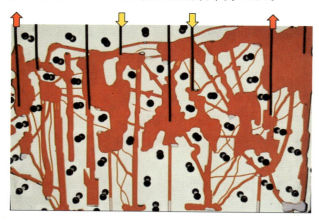

图 4-1-28　上注下采气驱实验展布图

对比分析表明,下注上采型注采关系气窜时间短,驱油效率低,易发生气窜。

此外,统计 12 个气窜井对的注气井 T_7^4 界面深度、生产井 T_7^4 界面深度和注气层—T_7^4 顶面距离、生产层—T_7^4顶面距离,可初步明确气驱井组的空间注采关系,包括顶部注采、上注下采和下注上采(表 4-1-2)。

其中,顶部注采和下注上采型井对共 16 个,占总气窜井对的 94%,如图 4-1-29 所示。

表 4-1-2　注采关系统计表

注气井	受效井	注气层深度/m	注气井T_7^4界面深度/m	产层深度/m	生产井T_7^4界面深度/m	注气层底—T_7^4顶面距离/m	生产层底—T_7^4顶面距离/m	注气层厚度/m	产层厚度/m	注采关系
TK439	TK466	5 408.5~5 415.0	5 408.5	5 418~5 464	5 418.5	6.5	45.85	6.5	45.85	上注下采
	TK474	5 408.5~5 415	5 408.5	5 389~5 420	5 389.0	6.5	31.50	6.5	31.5	顶部注采
TK440	TK421CH	5 378~5 593	5 378.0	5 437~5 510	5 437.5	215.75	73.45	215.75	73.45	顶部注采
	TK424CH	5 378~5 593	5 378.0	5 453~5 537	5 453.5	215.75	84.21	215.75	84.21	顶部注采
TK7-451	TK461	5 512.5~5 530.0	5 508.0	5 450~5 470	5 450.5	22.0	19.5	17.5	19.5	下注上采
	TK447	5 512.5~5 530.0	5 508.0	5 467~5 485	5 467.0	22.0	18.0	17.5	18.0	下注上采
TK411	T401	5 432.5~5 621.0	5 432.5	5 367~5 580	5 367.5	189.3	212.5	189.3	212.5	顶部注采
TH12137	TH121111	5 855~5 932	5 855.0	5 881~5 892	5 812.0	77.0	80.0	77.0	11.0	顶部注采
TK742	TK874CH	5 640~5 643	5 533.5	5 530~5 530	5 494.0	109.5	36.0	3.0	0.09	下注上采
TP218X	TP205X	6 634~6 639	6 558.79	6 503~6 506	6 459.0	80.93	47.8	5.0	2.9	下注上采
TK852CX	TK725	5 692.2~5 761.0	5 692.2	5 725~5 737	5 669.0	68.8	68.8	68.8	12.0	顶部注采
S91	TK832CH	5 692~5 704	5 670.0	5 687~5 712	5 687.99	34.0	24.8	12.0	24.8	顶部注采
TH12149	TH12118	5 640~5 643	5 533.5	5 530~5 530	5 494.0	89.0	35.0	3.0	2.0	顶部注采

注气井	受效井	注气层深度/m	注气井T界面深度/m	产层深度/m	生产井T界面深度/m	注气层底—T顶面距离/m	生产层底—T顶面距离/m	注气层厚度/m	产层厚度/m	注采关系
TK861	T701CH	5 512.5~5 530.0	5 508.0	5 467~5 485	5 467.0	22.0	18.0	17.5	18.0	下注上采
TH12137	TH12104	5 512.5~5 530.0	5 508.0	5 450.5~5 470.0	5 450.5	24.0	21.0	17.5	21.0	下注上采
TH12501	TH12301CH	5 512.5~5 530.0	5 508.0	5 450.5~5 470.0	5 450.5	22.0	19.5	17.5	19.5	下注上采
TK852C	S91	5 640~5 643	5 533.5	5 530~5 530	5 494.0	87.0	35.0	3.0	1.5	下注上采

图 4-1-29　实际气窜井对注采关系统计直方图

结合实际气窜井组统计分析和物理模拟分析,结果表明,上采型井组易发生气窜。

4.1.3　气窜预警指标构建及量化表征

1)气窜预警特征

分析不同类型气窜井组特征,明确"套压缓慢增加、气油比波动"时井组气窜预警,见表4-1-3。

表 4-1-3　不同类型气窜井组预警特征对比表

气窜类型	预警特征	典型动态曲线	预警模式图
受效-气窜有效型	◆ 套压缓慢增加 ◆ 气油比稳定 ◆ 气窜前暴性水淹	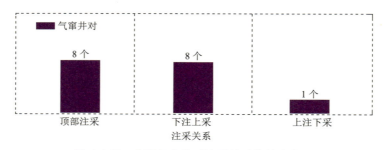	

气窜类型	预警特征	典型动态曲线	预警模式图
受效-气窜 无效型	◆ 套压缓慢增加 ◆ 气油比稳定 ◆ 含水短期内快速上升		
未受效- 气窜型	◆ 套压缓慢增加 ◆ 气油比波动 ◆ 持续高含水		

2）气窜预警指标

为了更好地量化表征气窜预警特征,筛选套压振幅和气油比增幅百分数作为气窜预警指标,见表 4-1-4。

表 4-1-4　气窜预警指标统计表

定量判别指标	计算方法		物理意义
套压振幅 s/MPa	$s = \sqrt{\dfrac{\sum\limits_{i=1}^{n}(p_i - \overline{p})^2}{n}}$	套压方差	气窜井套压波动幅度
气油比增幅百分数 λ	$\lambda = \dfrac{\overline{R}_{\mathrm{og}(t+1)} - \overline{R}_{\mathrm{og}(t)}}{\overline{R}_{\mathrm{og}(t)}}$	气油比增幅 $\overline{R}_{\mathrm{og}(t+1)} - \overline{R}_{\mathrm{og}(t)}$ 与前一时刻气油比 $\overline{R}_{\mathrm{og}(t)}$ 的比值	气窜井气油比上升幅度

3）气窜预警方法及应用

井组气驱过程中,气驱前缘未波及受效井井底,生产井气驱受效。随着气驱前缘的推进,先后经历气驱受效期和气锥成锥期;当气驱前缘突破至生产井井底时,生产井发生气窜。

据此,结合动态分析和油藏工程,建立一套基于套压振幅和气油比增幅百分数的两参数联动气窜预警图版(图 4-1-30),可针对不同地质背景井组进行气窜预警(表 4-1-5)。

（1）风化壳型井组。

统计 5 个风化壳型气窜井对的套压振幅、气油比增幅百分数和持续时间,见表 4-1-6。

据此,建立风化壳型井组气窜预警标准:当套压振幅持续 12 d 大于 0.174 MPa 且气油比增幅百分数大于 0.09 时,井组气窜预警。

例如,TK439—TK466 井组持续 149 d,套压振幅大于 0.174 MPa 且气油比增幅百分数大于 0.09,实施气窜预警机制,如图 4-1-31 所示。

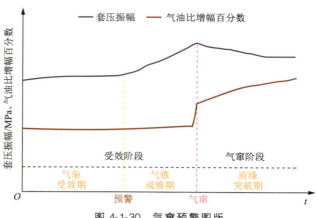

图 4-1-30 气窜预警图版

表 4-1-5 不同类型气窜井组气窜指标统计表

岩溶背景	预警阶段		见气阶段		气窜阶段	
	套压振幅/MPa	气油比增幅百分数	套压振幅/MPa	气油比增幅百分数	套压振幅/MPa	气油比增幅百分数
古暗河型	0.300	0.16	0.05	1.08	0.012	39.27
风化壳型	0.174	0.09	0.04	1.87	0.01	2.78
断溶体型	0.116	0.05	0.02	0.26	0.06	3.59

表 4-1-6 风化壳型气窜井组预警指标统计表

风化壳型井组	持续时间/d	套压振幅/MPa	气油比增幅百分数
TK411—T401	105	1.91	0.09
TK439—TK466	149	0.38	0.16
TK439—TK474	53	0.35	2.24
TK440—TK421CH	34	0.174	0.14
TK440—TK424CH	12	0.29	8.68

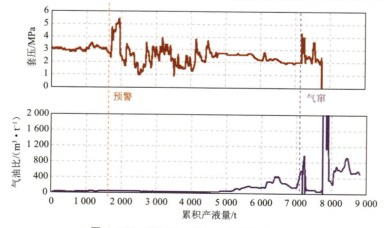

图 4-1-31 TK439—TK466 井组气窜预警

（2）古暗河型井组。

统计 2 个古暗河型气窜井对的套压振幅、气油比增幅百分数和持续时间，见表 4-1-7。

表 4-1-7　古暗河型气窜井组预警指标统计表

古暗河型井组	持续时间/d	套压振幅/MPa	气油比增幅百分数
TK7-451—TK461	18	1.476	0.72
TK7-451—TK447	22	0.3	0.16

据此，建立古暗河型井组气窜预警标准：当套压振幅持续 18 d 大于或等于 0.3 MPa 且气油比增幅百分数大于或等于 0.16 时，井组气窜预警。

例如，TK7-451—TK447 井组持续 22 d，套压振幅等于 0.3 MPa 且气油比增幅百分数等于 0.16，实施气窜预警机制，如图 4-1-32 所示。

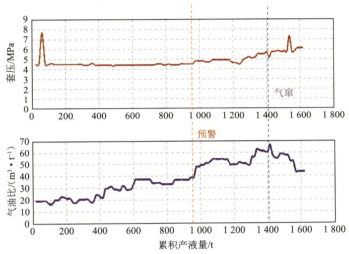

图 4-1-32　TK7-451—TK447 井组气窜预警

（3）断溶体型井组。

统计 10 个断溶体型气窜井对的套压振幅、气油比增幅百分数和持续时间，见表 4-1-8。

表 4-1-8　断溶体型气窜井组预警指标统计表

断溶体井组	持续时间/d	套压振幅/MPa	气油比增幅百分数
TH12137—TH121111	12	0.23	0.50
TH12137—TH12104	5	0.26	2.00
TK742—TK874CH	29	0.12	0.05
TP218X—TP205X	12	1.33	5.88
TK852CX—TK725	8	0.13	0.40
S91—TK832CH	15	1.28	0.53
TK852C—S91	15	0.12	0.27
TH12149—TH12118	17	3.12	1.53

断溶体井组	持续时间/d	套压振幅/MPa	气油比增幅百分数
TK861—T701CH	24	0.6	2.44
TH12501—TH12301CH	17	0.22	1.14

据此,建立断溶体型井组气窜预警标准:当套压振幅持续 5 d 大于 0.12 MPa 且气油比增幅百分数大于 0.05 时,井组气窜预警。

例如,S91—TK832CH 井组持续 15 d,套压振幅大于 0.12 MPa 且气油比增幅百分数大于 0.05,实施气窜预警机制,如图 4-1-33 所示。

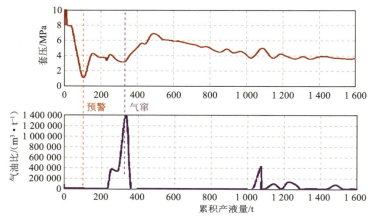

图 4-1-33　S91—TK832CH 井组气窜预警

4.2　泡沫辅助氮气驱技术

碳酸盐岩缝洞型油藏温度可达到 120 ℃以上,地层水矿化度可达 220 000 mg/L 以上,严苛的地层条件要求泡沫具有良好的耐温耐盐性。同时,不同于砂岩油藏,碳酸盐岩缝洞型油藏存在缝和洞大尺度储集介质,无法实现地下剪切发泡,只能利用地面发泡注入油藏的方式,这对泡沫的稳定性提出了更高的要求。通过建立适用于碳酸盐岩缝洞型油藏的泡沫体系评价方法,对耐温耐盐起泡剂进行筛选和复配,确定最佳起泡剂复配配方及浓度;研制出适用于碳酸盐岩油藏的耐温耐盐淀粉凝胶稳泡剂,对比耐盐聚合物与淀粉凝胶稳泡剂的稳泡效果,通过微观实验、电镜扫描揭示淀粉凝胶稳泡剂的作用机理,最终确定耐温耐盐泡沫体系配方,并对其进行静态和动态评价,明确凝胶氮气泡沫在塔河油田缝洞型油藏中的适应性,揭示氮气泡沫在缝洞型油藏中的动用机理,为矿场实施泡沫辅助氮气驱技术提供理论支持。

4.2.1　缝洞型油藏氮气泡沫体系的研发

1）耐高盐起泡剂复配体系的研发

碳酸盐岩缝洞型油藏地层水矿化度高，因此对泡沫的耐盐性要求极高。采用矿化度为 $22×10^4$ mg/L 的模拟地层水配制起泡剂溶液，对 3 种起泡剂的耐盐性进行评价。

对于缝洞型油藏，起泡剂性能对矿化度变化的敏感性是一个重要的参考指标。在确定了起泡剂的耐盐性能之后，采用不同矿化度盐水配液（0 mg/L，$5×10^4$ mg/L，$10×10^4$ mg/L，$15×10^4$ mg/L，$22×10^4$ mg/L），采用综合发泡能力指标，评价当盐水矿化度改变时，泡沫对盐的敏感性，如图 4-2-1 所示。可以看出，矿化度变化对 $α$-A 和 S-12 起泡体系起泡性能影响极大，当用 $5×10^4$ mg/L 矿化度盐水配制起泡体系时，$α$-A 和 S-12 的综合发泡能力急剧下降，尤其对于 S-12 起泡体系，其综合发泡能力由清水配制的 $80×10^4$ mL/s 降低至 1 000 mL/s。S-16 是一种阴-非离子型表面活性剂，在高矿化度盐水中表现出优越的性能。该类表面活性剂是一类混合型表面活性剂，其分子内具有两种不同性质的亲水基，使其同时具备非离子型和阴离子型表面活性剂的优点，即良好的耐盐和耐高温能力、优良的抗分解能力和分散性能以及良好的配伍性能。

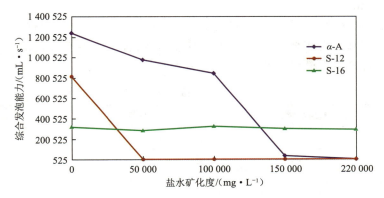

图 4-2-1　不同矿化度配液泡沫综合发泡能力变化

随着油田开发的日益深入，地层条件越来越严苛，油田水质矿化度越来越高，起泡剂遇 Ca^{2+} 和 Mg^{2+} 会因生成沉淀而失去起泡和稳泡作用，大幅限制了泡沫体系的应用。单一表面活性剂由于自身分子结构的缺陷，泡沫性能并不优越，然而起泡剂复配后将产生协同增效作用，可显著提高泡沫的起泡性能和稳泡性能。因此，将 $α$-A 和 S-16 两种发泡体积最大、耐盐性能最优的泡沫剂进行复配，最佳配方为 0.15% $α$-A + 0.15% S-16。

2）耐温耐盐泡沫体系

为了延长泡沫寿命，通常增加液膜黏度或加入活性物质。增黏稳泡剂的稳泡机理为提高起泡剂溶液液相黏度，减缓排液速率，降低气体扩散速度，常见的有聚合物和凝胶；活性物质稳泡剂主要通过协同作用、增大表面吸附膜强度两方面延长泡沫寿命。以此为基础，自主研发出作为耐温耐盐稳泡剂的淀粉凝胶，并确定了适用于碳酸盐岩缝洞型油藏泡沫体系的最终配方为 0.15% $α$-A + 0.15% S-16 + 3%～4% 淀粉凝胶。

4.2.2　氮气泡沫在缝洞型油藏中的波及机理

缝洞型碳酸盐岩储层中流体的运移情况非常复杂,由于实验室环境不可能真实模拟油田现场地层环境,故很难观测和记录到详细真实的流动信息,这时通常要用到模型实验。实验室中最常见的研究方法是数值模拟方法和物理模拟方法。有些模型实验与真实情况看起来完全不同,尺寸、规模相差甚大,但是只要分析得当,抓住研究问题的本质,反而可以把问题研究得更为透彻。基于近几年对缝洞型油藏物理模拟的研究发现,物理模型的设计需要满足几何相似、运动相似和动力相似。对于几何相似,以塔河油田 S48 单元地质模型为原型,根据地质资料探得有效储层的边界范围和溶洞、断裂的尺寸,按比例合理缩放,制作相应规模、尺寸的模型。对于运动相似,要想使一种模型流动代表原型流动,就需要使这两种流动相似,本质上说,流体运动符合牛顿定律和热力学定律,只要控制方程中各种影响因素相似,流动就相似。只要雷诺数大于一定的值,流动就是大概率相似的,因此只要真实流动和模型实验的雷诺数都足够大,就认为它们是相似的。用模型实验代替原型实验的关键是抓住主要影响,忽略次要影响。在溶洞和断裂中,流体的流动速度越快,雷诺数越大,越容易达到相似。其他的重要参数,如充填程度、裂缝开度、角度和配位数作为缝洞型油藏的特征参数进行相似设计。

根据油水两相在地层中的流动特征,选取多个物理量作为参考,根据量纲法则得到几何相似、运动相似和动力相似。基于上述相似准则,结合实验室实际情况,进行拓展与延伸,得到缝洞型油藏物理模型实验相似准则(表 4-2-1、表 4-2-2)。

表 4-2-1　物理模拟主要相似准则

相似条件	相似准则	物理意义	相似指标
几何相似	$\pi_1 = d/l$	洞径 d 与油藏控制直径 l 之比	1
	$\pi_2 = b/l$	裂缝开度 b 与油藏控制直径 l 之比	1
动力相似	$F_G = \Delta p/(\rho_o gh)$	注入压力 Δp 与重力 $\rho_o gh$ 之比	1.01~1.04
	$Re = \rho_{ul}/\mu$	迁移惯性力与黏滞力之比	1
运动相似	$F_Q = Q/(r^2 u)$	注入量 Q 与采液量之比	1.01~1.04
特征参数相似	$\pi_2 = \xi$	拟配位数	1
	$\pi_3 = \eta$	填充程度	1

表 4-2-2　油藏原型和物理模型参数对比及相似系数

对比项	油藏模型	物理模型	相似系数
洞径 d/cm	500~2 500	3~12	166.667~200
压差 Δp/kPa	2 000~14 000	10~60	200~233.333
原油黏度 μ/(mPa·s)	19.7~28.5	65	1.15
原油密度 ρ_o/(g·cm^{-3})	0.92	0.8	1.15

续表 4-2-2

对比项	油藏模型	物理模型	相似系数
重力加速度 $g/(m \cdot s^{-2})$	9.8	9.8	1.0
流速 $u/(m \cdot s^{-1})$	0.014 7～0.147	0.007～0.049	2.103～2.993
注入量 $Q/(m^3 \cdot d^{-1})$	20～60	0.006～0.015	3 334～4 000
井径 r/mm	120	3	40
裂缝开度 b/mm	0.5～5	0.2～4.5	0.25～1.11
充填程度/%	0～100	0～100%	1

1）泡沫启动裂缝尺度机理

（1）泡沫启动裂缝中的流动规律。

将裂缝模型水平放置在桌面上，在裂缝模型水驱过程中，流体的流动规律主要受流体黏度差异影响，黏度差异越大，黏性指进现象越严重。水驱过程中，在油水黏度差的作用下，最终会形成多条水流优势通道；气驱过程中，气油黏度比大，更容易出现黏性指进现象，注入气沿着一条通道运移，最终形成一条气体优势通道。由水驱后气驱实验发现，由于黏度差异的影响，注入气并不一定沿着水流优势通道运移，可能形成新的气体优势通道；在后续的泡沫驱实验中，无论是水驱后泡沫驱、气驱后泡沫驱，还是水驱、气驱后泡沫驱（图 4-2-2），泡沫都可以起到控制流度的作用，抑制黏性指进，实现裂缝中的均匀驱替，扩大波及体积，进而提高采收率。这说明通过优化泡沫体系来增加泡沫黏度，能够提高泡沫控制流度的能力。

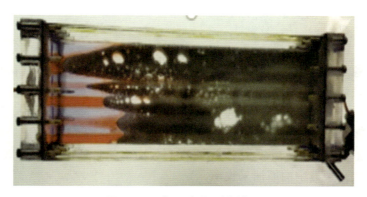

图 4-2-2　水驱、气驱后泡沫驱

（2）泡沫对不同尺度裂缝的启动能力。

泡沫能够同时启动不同尺度的裂缝，但能够启动的裂缝尺度存在一个界限，如图 4-2-3 所示。对于 0.1 mm～1 cm 的裂缝，泡沫驱后的采收率都能够达到 80% 以上；对于 5 cm 的裂缝，泡沫只能波及上半部分。这是由于泡沫能否启动小尺度裂缝取决于泡沫毛管力 p_c 和注入压力 p_m 之间的关系，当注入压力 p_m 小于或等于毛管力 p_c 时，泡沫能够进入小尺度裂缝，启动裂缝中的剩余油；而泡沫对于大尺度裂缝的波及程度取决于泡沫在裂缝横截面上的堆积高度，堆积高度越高，泡沫的顶替作用越强，波及体积越大。

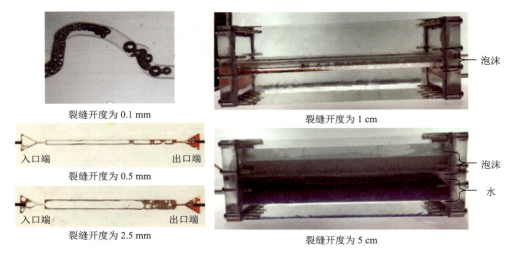

图 4-2-3　不同裂缝开度下水驱后泡沫辅助氮气驱实验

（3）泡沫启动多级裂缝规律。

通过控制泡沫的黏度，增强泡沫的强度和稳定性，可以进一步增加泡沫的调流转向能力。由布辛列克方程（式 4-2-1）可知，裂缝内的流体能否流动取决于压力梯度是否为正，即单位长度上压力的变化是否为正。

$$q = \frac{b^3}{12\mu} \frac{\mathrm{d}p}{\mathrm{d}x} \tag{4-2-1}$$

式中　q——单位长度裂缝内液体流量；

　　　b——裂缝宽度；

　　　μ——流体黏度；

　　　$\mathrm{d}p/\mathrm{d}x$——压力梯度。

由图 4-2-4 多级裂缝氮气驱与泡沫辅助氮气驱效果对比可以看出，气体黏度小，压力梯度小，压力下降较慢，b 点与 d 点的压差不足以克服 bd 间的流动阻力，故启动不了 bd 间的次级裂缝。相对于气体而言，泡沫黏度大时贾敏效应叠加严重，压力梯度大，压力下降较快，d 点的压力远小于 b 点的压力，b 点和 d 点的压差足以克服 bd 间的流动阻力，从而启动 bd 间的次级裂缝。最终气驱后采收率只有 36.4%，而泡沫驱采收率为 82.3%，可见泡沫可扩大波及体积，提高裂缝中的原油采收率。

（a）氮气驱

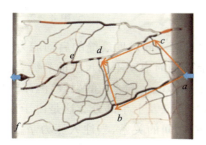

（b）泡沫辅助氮气驱

图 4-2-4　驱替流体黏度对多级裂缝启动能力的影响

理论上,在无限提高注入压力的理想条件下,增大泡沫黏度能够增大压降梯度,从而启动所有连通裂缝。实际矿场注入压力受限,同时储层条件复杂,流体流动阻力影响因素较多,应通过增强泡沫的强度和稳定性(即提高贾敏叠加效应)来增强泡沫调流转向的能力。

2）氮气泡沫改善油气流度机理

通过对比水驱、氮气驱、泡沫辅助氮气驱油实验可以明确氮气泡沫在缝洞结构中改善流度的机理。首先,由缝洞物理模型中水驱后的泡沫驱实验结果(图 4-2-5)可以看出,对于塔河油田常见的高角度裂缝而言,水驱能够同时波及多个高角度裂缝,但由于充填程度较高的缝洞结构的非均质性较强,微观波及效率较低,最终水驱后采收率为 77.6%,水驱后泡沫驱采收率为 96.8%。由高角度裂缝-溶洞组合氮气驱后的泡沫辅助氮气驱物理模拟(图 4-2-6)可以看出,氮气驱因重力分异作用较大,对高角度裂缝的驱替效果极差,注入后沿着裂缝向上运移,迅速突破并形成气窜优势通道,最终气驱后采收率为 23.4%;而泡沫控制流度能力较强,能够有效改善流度比,对于缝洞储集体中的高角度裂缝具有较好的驱替效果,气驱后泡沫驱采收率为 95.6%。

（a）水驱阶段　　　　　　　　　（b）泡沫辅助氮气驱阶段

图 4-2-5　缝洞物理模型(90°高角度)水驱后氮气泡沫驱实验研究

（a）氮气驱阶段　　　　　　　　　（b）泡沫辅助氮气驱阶段

图 4-2-6　缝洞物理模型(90°高角度)氮气驱后泡沫辅助氮气驱实验研究

3）氮气泡沫调流道转多向机理

（1）水平缝洞组合泡沫辅助氮气驱调流道转多向机理。

在水平放置的充填型缝洞组合结构物理模型中,水驱后泡沫辅助氮气驱物理模拟(图4-2-7)显示出较差的横向水驱效果,水驱采收率为 62.7%,而氮气驱更易形成气窜通道(图

4-2-8），微观驱替效果更差，氮气驱后采收率为48.6％，最终水驱和气驱后的泡沫辅助氮气驱效果都高于90％（94.9％和95.2％）。在整体保持水平方向发育的缝洞型组合结构中，泡沫辅助氮气驱能够在水驱、氮气驱驱油效果不佳的基础上进一步实现剩余油的动用，且能够有效延缓气窜现象的发生。

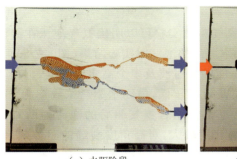

（a）水驱阶段　　　　　　（b）泡沫辅助氮气驱阶段

图 4-2-7　缝洞物理模型（垂直放置）水驱后泡沫辅助氮气驱实验研究

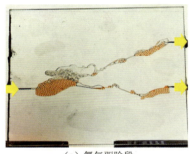

（a）氮气驱阶段　　　　　　（b）泡沫辅助氮气驱阶段

图 4-2-8　缝洞物理模型（垂直放置）气驱后泡沫辅助氮气驱实验研究

（2）纵向缝洞组合泡沫驱调流道转多向机理。

在垂直放置的充填型缝洞组合结构物理模型中，由水驱后泡沫驱物理模拟（图 4-2-9）可以看出，纵向上由于重力分异作用，注入水在下半部分形成优势通道，注入气在上半部分形成优势通道（图 4-2-10），水驱后采收率为32.2％，气驱后采收率仅达到44.7％。在垂直放置的缝洞型物理模型中，与水驱、气驱不同的是，泡沫驱能够封堵纵向上的流体优势通道，在非均质缝洞结构中的调流转向能力较强，有效采出连通的缝洞结构中的剩余油，最终水驱后泡沫驱的采收率为96.3％，气驱后泡沫辅助氮气驱的采收率为95.5％。在纵向高角度裂缝极为发育的缝洞组合结构中，泡沫辅助氮气驱具有较强的封堵纵向底水优势抬升的能力，从而起到调流道转向驱替的作用。

3）泡沫辅助氮气驱-气驱-水驱的协同机理

塔河油田缝洞型油藏现阶段开发技术对策以水驱和氮气驱为主，氮气驱中后期开展泡沫辅助氮气驱，因此明确氮气泡沫与水驱、氮气驱的协同机理能够有效指导现场开发政策的有效调整。在缝洞组合结构物理模型中，氮气泡沫注入缝洞储集体后由于存在剪切和形变，故会出现扰动，而气体和泡沫同时通过缝洞结构时会加剧这种扰动，这种扰动促使后

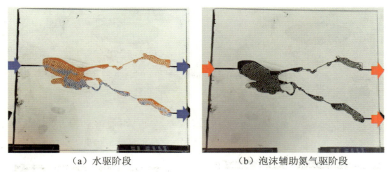

（a）水驱阶段　　　　　　　　（b）泡沫辅助氮气驱阶段

图 4-2-9　缝洞物理模型（水平放置）水驱后泡沫辅助氮气驱实验研究

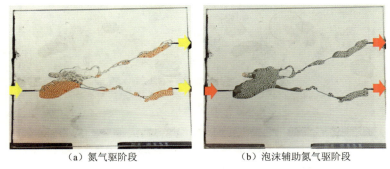

（a）氮气驱阶段　　　　　　　　（b）泡沫辅助氮气驱阶段

图 4-2-10　缝洞物理模型（水平放置）氮气驱后泡沫辅助氮气驱实验研究

续流体流动方向出现无规律性。这种泡沫-气的协同作用有效地扩大了注入流体的波及体积。在缝洞组合结构中，由于油、气、水不同的流体密度差异，油带处于泡沫带和水带之间，流体流动过程中油被夹带着推进，这种泡沫-水之间的协同作用有利于提高驱油效果。

在复杂缝洞物理模型中开展水驱、氮气驱、泡沫辅助氮气驱协同机理模拟（图 4-2-11），可以看出在重力分异作用下，水主要波及缝洞的下半部位，气主要波及上半部位；注入的泡沫能够波及中上部位的剩余油，在压低油水界面的同时，部分泡沫破裂后释放的气体能够启动上部的阁楼油，通过聚集气顶能量和压制底水能量，实现泡沫-气-水的复合协同驱油。

4）氮气泡沫非连续态驱机理

塔河油田缝洞型油藏缝洞组合结构极为复杂，因此明确氮气泡沫在不同类型储集体中的驱替特征的差异性尤为重要。由缝洞组合结构中不同驱替介质的驱替特征（图 4-2-12）可以看出，氮气沿裂缝-溶洞组合型储集体运移过程中以连续态流动驱替为主要流动规律，因此连续态的气驱极易形成窜流通道；而水从裂缝进入溶洞以及从溶洞进入裂缝都是以非连续态流动的，非连续态有利于扩大波及体积。因为氮气泡沫自身是一种非连续相体系，因此氮气泡沫从裂缝进入溶洞以及从溶洞进入裂缝均呈现出非连续态流动特征，这种非连续态的段塞式泡沫辅助氮气驱油效果优于具有连续态驱替特征的水驱和气驱效果。

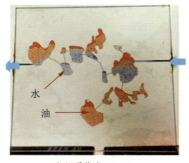
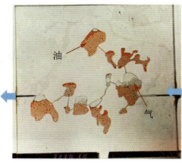

水驱采收率 45.8%　　　　　　　　氮气驱采收率 31.2%

水驱后泡沫辅助氮气驱采收率 66.7%　　氮气驱后泡沫辅助氮气驱采收率 58.9%

图 4-2-11　复杂缝洞物理模型(垂直放置)的协同机理模拟

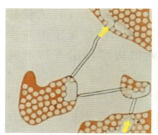

氮气驱由缝进洞：连续态　　水驱由缝进洞：连续态　　泡沫辅助氮气驱由缝进洞：连续态
氮气驱由洞进洞：连续态　　水驱由洞进缝：连续态　　泡沫辅助氮气驱由洞进缝：连续态

图 4-2-12　复杂缝洞组合结构中不同驱替介质的流动规律

5）泡沫降低界面张力机理

在水平放置的复杂缝洞组合物理模型中开展水驱(图 4-2-13)，由结果可以看出，平面充填缝洞结构中水驱微观驱替效果较差，水驱后采收率为 55.8%；而气驱极易形成气窜通道，氮气驱后采收率为 25.1%；水驱、气驱后进行泡沫辅助氮气驱能够在前期采出的基础上大幅提高缝洞剩余油的采出程度。因为泡沫液中含有的表面活性剂能够有效降低基质-油-水间的界面张力，剥离壁面原油，提高充填介质中的微观驱替效率，实现均匀驱替，最终水驱后泡沫辅助氮气驱采收率为 61.7%，氮气驱后泡沫辅助氮气驱采收率为 63.3%，大量剩余油集中在泡沫辅助氮气驱无法波及的盲端缝洞结构中。

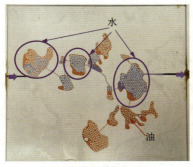
（a）水驱阶段采收率 55.8%

（b）水驱后泡沫辅助氮气驱阶段采收率 61.7%

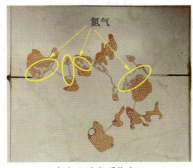
（c）氮气驱阶段采收率 25.1%

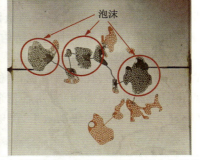
（d）氮气驱后泡沫辅助氮气驱阶段采收率 63.3%

图 4-2-13　复杂缝洞组合结构中泡沫辅助氮气驱改变界面张力特征

4.2.3　氮气泡沫对剩余油的动用规律

1）水驱阶段剩余油动用规律

由于塔河油田缝洞型油藏断裂、溶洞、溶孔均有一定的垮塌和充填，因此人工注水驱替并不能对原油形成均匀驱替，水驱后剩余油主要类型有油膜、角隅油、孔道剩余油、盲端剩余油、高导流通道屏蔽剩余油、连通溶洞绕流油、阁楼油、底水干扰剩余油、盲端溶洞剩余油。其中，古暗河岩溶油藏中剩余油主要有高导流通道屏蔽剩余油、连通缝洞绕流油、阁楼油、底水干扰剩余油；断溶体岩溶油藏水驱后剩余油主要有高导流通道屏蔽剩余油、阁楼油、底水干扰剩余油、角隅油及盲端剩余油；风化壳岩溶油藏水驱后剩余油主要有高导流通道屏蔽剩余油、阁楼油、底水干扰剩余油、角隅油。

2）氮气驱阶段剩余油动用规律

由于氮气在油藏条件下仍为气态，所以在油藏中存在较强的重力分异和高流动性能。由于氮气和其他流体存在较高的黏度差，故极易出现黏性指进现象，氮气沿着高渗透通道迅速突进，形成气窜通道，因此剩余油主要分布在盲端裂缝和复杂的微小裂缝中，溶洞混联模型水平放置气驱后，剩余油主要有油膜、角隅油、孔道剩余油、盲端剩余油。其中，古暗河岩溶油藏氮气驱后剩余油主要有高导流通道屏蔽剩余油、连通缝洞绕流油和底水干扰剩余油;风化壳岩溶油藏氮气驱后剩余油主要有高导流通道屏蔽剩余油及盲端剩余油;断溶体岩溶油藏氮气驱后剩余油主要有高导流通道屏蔽剩余油、连通缝洞绕流油和底水干扰剩余油。

3）泡沫辅助氮气驱阶段剩余油动用规律

氮气泡沫为水驱、氮气驱后的提高采收率增效技术,泡沫对水驱、气驱后的剩余油类型动用效果较好,泡沫辅助氮气驱后剩余油主要有连通缝洞绕流油、底水干扰剩余油和盲端溶洞剩余油。常规的提高采收率手段普遍无法启动底水干扰剩余油,对于油藏深部的剩余油仍无法形成有效动用,需要有针对性地打新井进行开采。

缝洞型碳酸盐岩油藏水驱后主要剩余油类型为:4种微观剩余油,包括油膜、角隅油、孔道剩余油、盲端剩余油;6种宏观剩余油,包括4种井间剩余油(高导流通道屏蔽剩余油、连通缝洞绕流油、阁楼油、分割缝洞体剩余油)和2种井点剩余油(阁楼油、底水干扰剩余油)。通过气驱可以有效波及水驱后宏观剩余油——井间阁楼油和井点阁楼油,而对其他类型剩余油没有很好的驱动效果。由缝洞结构简化模型实验及三维可视化实验发现,泡沫辅助氮气驱能够有效波及缝洞型油藏3种微观剩余油和4种宏观剩余油(表4-2-3),其中3种微观剩余油为油膜、角隅油、孔道剩余油,4种宏观剩余油为井间剩余油(高导流通道屏蔽剩余油、连通缝洞绕流油、阁楼油)和井点剩余油(阁楼油)。泡沫驱对3种典型三维储集体中水驱气驱后剩余油有很好的驱动效果,能够较大限度地提高采收率。

表 4-2-3 不同驱替阶段剩余油波及情况

缝洞型油藏剩余油类型		水 驱	气 驱	泡沫驱
微观剩余油	油 膜	×	×	有效波及
	角隅油	×	×	有效波及
	孔道剩余油	×	×	有效波及
	盲端剩余油	×	×	×
宏观剩余油	高导流通道屏蔽剩余油 (井间剩余油)	×	×	有效波及
	连通缝洞绕流油	×	×	有效波及
	阁楼油	×	有效波及	有效波及
	分割缝洞体剩余油	×	×	待验证
	阁楼油 (井点剩余油)	×	有效波及	有效波及
	底水干扰剩余油	×	×	有效波及

4.3 注氮气增效技术

4.3.1 气水复合驱技术

利用地震资料刻画井洞关系,根据生产动态识别注采井之间的连通通道,明确剩余油分布,并针对不同剩余油分布特征构建4种井组模式:对于水驱通道在含油高度内的阁楼油,构建注入井先注气、后注水的常规协同模式,即单方向一注一采的模式;对于水驱失效的多井区域的阁楼油,构建注入井注气、周边邻井注水的栅状协同模式;对于出现气窜的井组,构建换向协同模式;对于失效或未见效且水驱通道在含油高度外的阁楼油,构建注入井注气后先调流封堵水通道、再注水的调剖协同模式。

气水复合驱井网设计主要依托岩溶背景及储层展布特征,根据基础井组模式有针对性地构建气水复合立体井网。对于风化壳岩溶储集体,其展布面积广,多向连通条件好,构建面状注采井网;对于断溶体、古暗河储集体,其展布方向性强,连通特征表现为带状连通或线性连通,分别建立带状井网和线状井网。纵向上,根据井间通道路径长短、构造高低、规模大小等因素布置井网。若有利驱替路径为陡构造、短路径、规模较小的山梁、断溶体或古暗河等,采用低注高采井网很容易发生气窜,而采用高注低采井网则可以发挥作用集中、见效快和控制气窜的优势;若有利驱替路径为缓构造、长路径,阁楼储集体靠近注入井,则可以采用低注高采井网以提高驱替效率。总体而言,需要根据通道的规模确定采用高注低采井网还是低注高采井网:短路径、小通道采用高注低采井网,以气驱为主,水驱为辅,以预防水窜;长路径、大通道采用低注高采井网,以水驱为主,气驱为辅,以提高气驱效率。实践中,两种纵向井网模式对不同规模的通道均有其优势。

气水复合驱的作用过程分为两部分:① 垂向上,注入气将阁楼油驱至水驱可动用空间;② 横向上,注入水进入水驱可动用空间并将油驱至受效井。注入气不断垂向驱油,因此关键是如何形成有效的横向水驱。根据历史注水水驱效果确定水驱可动用空间,通过对比累积注气体积与水驱可动用空间判断通道内剩余油的再次充满程度,根据剩余油充满程度确定水驱历史等效阶段,再根据等效阶段历史注水强度设计气水复合驱参数。理想驱替模型中,注采比应为1:1,注入水前缘突破前的注水量等于增油量,注水过程中纵向上大量分水,少部分水形成有效横向驱替。水驱结束时生产井总增油量即为有效横向水量,即水驱可驱扫空间总量。

具体步骤为:

(1)确定水驱可动用空间体积。对于具有完整的水驱见效至失效阶段的注采井组,认为井间水驱可动用空间体积即水驱采油量的地下体积。

(2)确定水驱可动用空间的充满程度。首先根据累积注气量的地下体积与气驱采油量地下体积的差,求出水驱通道中剩余油的体积;然后计算水驱可动空间的充满程度,即水驱通道剩余油体积与水驱可动用空间体积之比。

(3)对应注水水驱等效阶段。利用等效原理,把任意气驱阶段对应的充满程度在水驱阶段找到充满程度对应相等的时间节点。

(4)类比当时注水强度。通道充满程度相同时,注水受效日注水量为 Q_t。

(5)确定目前的注水强度。设计目前的注水量 $Q_m(Q_m \geqslant Q_t)$,即气水复合阶段要提供足够的横向驱动力驱动注入气顶替至水驱可动用空间内的剩余油。此时不需要考虑注水强度过大再次发生水窜的风险,因为单元注气阶段不同于注水水驱阶段,阁楼油可反复进入水驱通道。

4.3.2　氮气＋堵水技术

塔河油田的储集体类型多样,主要有溶洞型、裂缝-孔洞型、裂缝型三大类。溶洞型储集体一般指规模较大的洞穴系统(＞100 mm),而非常规定义的小型溶洞(2～100 mm)。裂缝-孔洞型储集体是指裂缝与小型溶洞及孔洞组合而成的储集体类型。从油井储集类型与堵水效果分析,裂缝-孔洞型储集体堵水效果最好,平均有效期长达389 d,累积增油量占全油田堵水累积增油量的62%;其次为裂缝型储集体,措施有效率为61%;溶洞型储集体有效率最低,为57%。

溶洞型储集体的油井在钻井过程中易发生放空漏失,在生产过程中除了由于油水黏度差异形成小幅的水锥外,其油水界面主要呈整体水平抬升,当油水界面到达井底溶洞溢出口顶端后,溶洞顶部的剩余油很难采出。在工艺上,溶洞型储集体的油井易出现漏失,一般很难封堵成功。溶洞型储集体堵水效果较好的井一般是溶洞规模较小或者机械封堵溶洞后对溶洞上部有其他储集体的潜力段生产的油井。裂缝-孔洞型储集体的油井内部通过小型溶洞、溶蚀孔洞或网状裂缝相互连通,横向或纵向上储集为"似均质"状,类似砂岩油藏储层,水体主要呈"山峰"状锥进,堵水后易形成有效隔板,且该类储集体有利于堵剂的驻留和剩余油潜力的释放,堵水效果较好。塔河油田二区奥陶系油藏南部井区总体是裂缝-孔洞型储集体,该区堵水效果整体较好。裂缝型储集体主要通过较少的裂缝与下部水体沟通,水体呈线性锥进,水的通道即油的通道,裂缝容易被堵死而出现供液不足的现象。另外,由于裂缝型储集体规模有限,油井产能相对较低,增油量整体较少。分析表明,储集体类型直接影响了水进形态且对封堵效果至关重要,是影响堵水效果的关键因素之一。整体上,裂缝-孔洞型储集体是堵水最有利的储集体。

阁楼油位于油藏的较高部位,要求驱油剂能够进入油藏的高部位,因此引入注气挖潜技术。注气提高原油采收率的机理分为混相驱和非混相驱两种。室内实验研究认为:塔河油田溶洞型储集空间注氮气驱替原油属于非混相驱替过程,碳酸盐岩溶洞型储集体具有良好的遮蔽性,注入氮气在重力分异作用下形成次生气顶,补充顶部弹性能量,将顶部剩余油向下驱替,注入氮气不会与原油发生混相(混相会降低重力分异驱油的效果),有利于缝洞单元注气重力分异驱油,使塔河油田缝洞阁楼油型剩余油开采成为可能。

将堵水技术和注氮气驱油技术相结合,现场试验效果显著。塔河四区碳酸盐岩油藏底水能量强,储集体垂向裂缝发育,对于单井单元或注水注气未见效的单元,提高油井产能是改善单元开发效果的主要目的。TK485储集体为大裂缝＋溶洞型储集体,酸压沟通明显,井周存在局部残丘高点,阁楼油丰富。前期含水呈台阶式上升,分析认为底水沿大裂缝进入井筒导致高含水,实施堵水无效,周期注水压锥、周期关井压锥以及大泵提液效果差。目前已注气9轮次,累增油8 544 t,增油效果显著,但有效期短,分析原因认为主要是底水影响注气效果。因此,实施第10轮注气＋堵水,通过堵水抑制水锥,充分发挥氮气置换阁楼油的作用,提高多轮次注氮气效果。TK485储集体沟通方式以酸压产生的人工裂缝为主,采用高温冻胶作为堵水主剂,再用树脂胶塞封口,控制地层水产出。TK485储集体实施注气＋堵水驱油技术,目前日产油17 t,本轮次增油1 877 t,说明堵水对底水起到了抑制作用,充分发挥了氮气释放顶部阁楼油的作用,发挥了注气+堵水模式的复合增效作用。

4.3.3　氮气+二氧化碳复合驱技术

1) 注氮气提高采收率机理

氮气由于密度低,主要进入缝洞型油藏构造高部位,依靠"一个主要,两个辅助"的机理提高采收率,即主要靠重力分异驱替作用,其次起到补充地层能量和压制底水锥进的作用。

(1) 重力分异驱替作用:由于重力分异,注入的氮气会进入微构造高部位形成次生气顶,从而增加一个附加的弹性能量,驱替顶部原油向下移动。

(2) 补充地层能量和压制底水锥进作用:氮气不溶于水,较少溶于油,且具有良好的膨胀性,驱油时弹性能量大,能保持地层压力,有利于减缓底水锥进,延迟油水界面的上升。

因此,注氮气驱油技术能够有效采出缝洞型油藏构造高部位的阁楼油。

2) 注二氧化碳提高采收率机理

利用塔河油田 TK694 井取得的油样开展室内实验,根据地层原油注二氧化碳膨胀实验,明确塔河油田稠油油藏注二氧化碳提高采收率机理。TK694 井地层原油密度为 $0.797\ 9\ g/cm^3$,脱气油密度为 $0.994\ 5\ g/cm^3$,地层条件下原油黏度为 523 mPa·s,泡点压力为 11.99 MPa,原油体积系数为 1.209 8,原油压缩系数为 $1.418\ 9\ GPa^{-1}$,收缩率为 17.34%,单脱气油比为 $51\ m^3/m^3$。

(1) 溶解膨胀机理。塔河油田 TK694 井原油溶解 CO_2 后膨胀系数增大,且 CO_2 注入越多,膨胀系数越大,最大可达 1.62。实验表明,塔河地层原油注入 CO_2 后能够使原油体积膨胀,增加地层的弹性能量,因此可利用原油溶解 CO_2 后膨胀机理进行增能采油。

(2) 溶解降黏机理。随着 CO_2 溶解量的增多,TK694 井原油黏度逐渐降低,最大降黏幅度达到 72%,说明在塔河地层原油中注 CO_2 能起到降黏作用;在 CO_2 吞吐过程中,原油黏度降低后地层流动性提高,更易于流向井筒,从而提高油井产量。

(3) 通过岩芯驱替实验验证 CO_2 对碳酸盐岩的酸蚀作用,驱替压差保持 0.5 MPa,持续 10 d 注入 CO_2 饱和溶液。结果为:岩芯中的方解石(主要化学成分为 $CaCO_3$)含量由实验前的 23.7% 降为驱替后的 1.2%,粒间孔隙直径由驱替前的 10~30 μm 增大至 30~100 μm,次生孔隙直径由 1~10 μm 增大到 10~40 μm。实验证明,CO_2 具有酸蚀作用,可起到有效沟通储集空间的作用。

在缝洞型油藏注氮气和注二氧化碳提高采收率机理研究的基础上,明确了氮气+二氧化碳"两个主要、两个辅助"的提高采收率机理。"两个主要"即降低原油黏度和重力分异驱替,"两个辅助"即膨胀增能和压制水锥。

以塔河油田缝洞型油藏氮气+二氧化碳提高采收率机理研究为理论依据,开展现场先导试验。TH12263 井是阿克库勒凸起西部斜坡的一口开发井,2013 年 4 月 2 日完钻,完钻井深 6 247 m,进入 T_7^4 59.53 m,于 2014 年 4 月 30 日—5 月 7 日开展注氮气+二氧化碳先导试验,注液态二氧化碳 326.96 m³,最高泵压 15.38 MPa,注稀油段塞 5 m³,5 月 3—5 日正注氮气 250 320 m³,注气排量 4 000 m³/h,最高泵压 40 MPa;顶替油田水 300 m³,正注稀油 20 m³,环空注稀油 45 m³ 后焖井。TH12263 井焖井 19 d 后开井,初期日增油量 8.6 t/d,平均掺稀比由 3.4∶1 下降到 1.9∶1,增油降黏效果较为明显;氮气+二氧化碳注气累积产液量 2 635 t,累积产油量 1 735 t,先导试验效果显著。

4.3.4　氮气+酸化技术

塔河油田缝洞型油藏的主力产层是中奥陶统一间房组(O_2yj),储层为碳酸盐岩,主要矿物成分为方解石,含量一般在 99% 以上,油藏基质孔隙度较低,储集空间主要是溶洞、裂缝以及溶蚀孔隙和微裂缝,且裂缝为最主要的储集空间和流通通道。累产高的油井一般为溶洞型储集体,井眼周围储集空间发育好,油气充注程度高。酸化结果也表明溶洞型储集体酸化效果好,溶洞-裂缝型储集体次之,裂缝型储集体酸化效果最差。这是因为塔河油田碳酸盐岩储层以溶洞、裂缝为储集空间和导流通道。对于托甫台区,裂缝为最主要的储集空间和流通通道,随着生产的进行,地层压力下降会导致裂缝闭合,从而使渗流能力突降。酸化能够有效地解除近井地带导流通道堵塞问题,疏通渗流通道,沟通远井地带储集空间,恢复油井正常生产。在油田实际生产中,有些注气井酸化后再进行注气效果很好,利用酸化可改善井周储集体的沟通效果,结合氮气的膨胀增能和压制水锥作用,这一技术被广泛地用在碳酸盐岩注气增产中。例如,塔河油田主体区的 TK517 和 TK263 井实施酸化后再实施注氮气替油,注气效果得到改善,轮次增油均超过 5 000 t。

第5章
缝洞型油藏注氮气提高采收率技术矿场实践

5.1 单井注氮气典型案例

针对缝洞型油藏注水替油后期井周高部位剩余油难以采出的问题,在明确缝洞型油藏注氮气机理和参数设计方法后,采用边研究边试验再推广的方式,开展单井注氮气技术的规模应用,有效降低了自然递减,提高了采收率。现针对 6 种不同剩余油类型展开应用实例介绍。

5.1.1 残丘型剩余油典型井

1) 地质概况

TK404 井是塔河油田艾协克 2 号构造北高点上的一口滚动评价井,完钻井深 5 612.7 m,完钻层位为奥陶系中—下统鹰山组($O_{1-2}y$),T_7^4 顶深 5 410 m。

该井井周显示振幅变化率(0~40 ms)较强(图 5-1-1),且规模较大;结合地震时间偏移剖面(图 5-1-2),初步判断该井处于局部残丘相对高部位,且钻遇缝洞体边部,井周存在局部构造高点,地震反射特征主要表现为串珠状或杂乱反射特征。

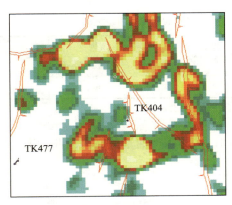

图 5-1-1 T_7^4 以下 0~40 ms 振幅变化率图

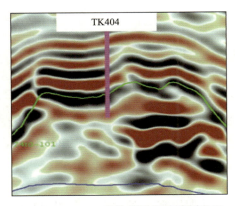

图 5-1-2 TK404 井地震时间偏移剖面图

167

2）注氮气潜力评价

（1）该井地处构造残丘，具有杂乱反射特征，且有一定的规模，井周存在局部构造高点，剩余油主要分布在近井上方残丘部位（图 5-1-3），注入氮气能够在重力分异作用下在残丘形成次生气顶，从而有效地驱替井周上部剩余油（图 5-1-3）；

（2）发育较大规模储集体，且酸压及注水未对顶部剩余油形成有效动用，标定采收率为 46.30%，目前采出程度仅为 34.24%，剩余油潜力较大；

（3）注水过程中压锥效果明显，含水波动变化，存在阁楼油，改变驱油方式可挖潜储集体顶部残丘型剩余油；

（4）采用容积法计算得到的 TK404 井控制储量为 51.4×10^4 t，剩余可采储量为 6.2×10^4 t，具有较大的剩余油潜力。

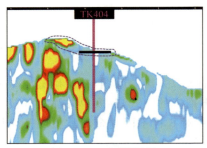

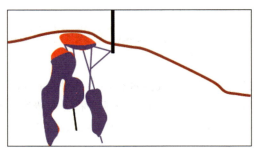

（a）0~50 Hz 分频属性图　　　　　　　　（b）残丘型剩余油示意图

图 5-1-3　TK404 井残丘型剩余油示意图

3）油藏工程设计

（1）注气量确定。

数值模拟显示，对于残丘型剩余油，注气量为 0.3 PV 和 0.5 PV 时两方案采收率接近，仅相差 0.4%，注气量高于 0.5 PV 后经济效益较差（据 3.3.2 节单井注气参数设计）。因此，针对 TK404 井残丘型剩余油，最佳注气量为 0.5 PV，设计累积注气量为 950×10^4 m³，其中第 1 周期注气量为 50×10^4 m³（表 5-1-1），后续周期注气量按照实际情况进行调整。

表 5-1-1　TK404 单井周期注气量设计表

注气井	累积注气量 /(10^4 m³)	注气周期数 /个	周期注气量 /(10^4 m³)	注气速度 /(10^4 m³·d⁻¹)	焖井时间 /d
TK404	950	20	50	6	15~20

（2）注气速度优化。

数值模拟显示，当注气速度为 6×10^4 m³/d 时，其累积产油量最高。因此，TK404 井最佳注气速度为 6×10^4 m³/d。

（3）注气周期优化。

通过前期研究，6 种剩余油模型中短注长停有利于注入氮气在远端形成自身气顶，有效替换远端剩余油,其效果普遍优于长注短停及对称注气。

（4）焖井时间优化。

数值模拟显示,焖井时间为 20 d 时可获得较好的经济效益。因此,综合考虑拟定 TK404 井焖井时间为 15～20 d,注气试验过程中根据井口压力变化进行调整。

4）矿场应用效果

TK404 井于 2012 年 4 月 9 日开始实施第 1 周期单井注氮气,2012 年 4 月 9 日至 2012 年 4 月 17 日注入氮气 50×10^4 m³,焖井 15 d。开井后,含水率迅速下降,最高日产油量达 50 t/d,周期增油量为 2 659 t(图 5-1-4、表 5-1-2)。

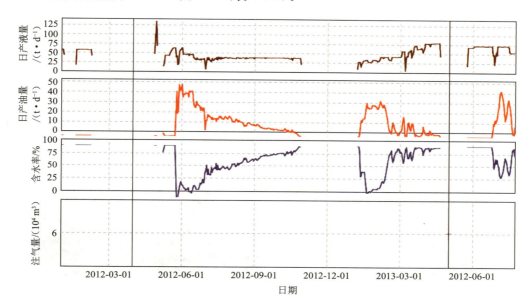

图 5-1-4　TK404 井注氮气开发效果曲线

表 5-1-2　TK404 单井注氮气周期效果表

周　期	周期注气量 /(10^4 m³)	周期增油量 /t	周期方气换油率 /(t·m⁻³)	累积方气换油率 /(t·m⁻³)
1	50	2 659	1.60	1.60
2	54	1 286	0.73	1.15
3	50	1 457	0.88	1.07
4	50	1 269	0.77	0.99
5	100	1 495	0.45	0.82
6	70	2 954	1.28	0.90
7	70	5 545	2.41	1.14
8	50	2 691	1.64	1.19

截至 2020 年底,该井累计完成单井注氮气 8 周期,累计注氮气 494×10^4 m³(按塔河油田缝洞型油藏条件计算氮气地下体积为 1.62×10^4 m³),累计产液 7.6×10^4 t,累计增油 1.93×10^4 t,整体方气换油率达到 1.19 t/m³(表 5-1-2)。截至 2021 年底,TK404 井仍保持较好的注气增产效果,表现出较好的氮气有效埋存和置换剩余油的效果。分析认为,注入氮气有效降低了近井油水界面,使残丘型剩余油得到有效释放,多轮次注气开始向远井多套储集体埋存和波及,可实现对远井储集体剩余油的有效动用。

5.1.2　水平井上部剩余油典型井

1)地质概况

TK7-619CH 井是塔河七区的一口侧钻开发井,2008 年 2 月 4 日从原直井 3 700 m 处开窗侧钻,2008 年 5 月 21 日完钻,完钻井深斜深 5 891.00 m,垂深 5 565.83 m,完钻层位为 $O_{1-2}y$,揭示奥陶系 78.66 m,T_7^4 顶深 5 487.17 m,钻井期间未发生放空及漏失。

该井井周显示振幅变化率(0~40 ms)较强(图 5-1-5),且规模较大;结合地震时间偏移剖面(图 5-1-6)与井轨迹剖面,初步判断该井处于斜坡位置,钻遇缝洞体中部,静态上具有明显的残丘特征,剩余油主要分布在近井上方。

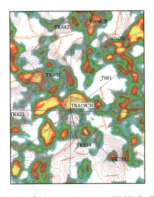 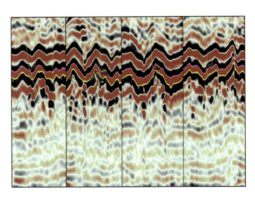

图 5-1-5　T_7^4 以下 0~40 ms 振幅变化率图　　　图 5-1-6　TK7-619CH 井米字形地震时间偏移剖面图

2)注氮气潜力评价

(1)该井具有表层强+内幕串珠状反射特征,且具有一定规模,近井周发育明显残丘高点;

(2)该井钻遇多段裂缝-孔洞型储层,测井解释 5 727.5~5 741.5 m 和 5 822.5~5 829.0 m 井段裂缝-孔洞型储层发育,且具有一定规模;

(3)由于注水开发的纵向波及有限,导致油藏中深部原油驱替效率高,而顶部剩余油富集,剩余可采储量为 4.85×10^4 t;

(4)TK7-619CH 井静态上具有明显的残丘特征,剩余油主要分布在近井上方,注入氮气能够在重力分异作用下于水平井上部形成次生气顶,从而有效地驱替水平井上部剩余油(图 5-1-7)。

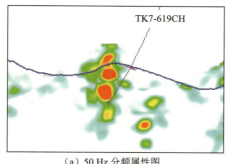 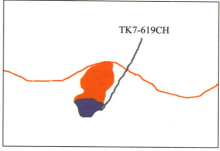

（a）50 Hz 分频属性图　　　　　　　　（b）剩余油示意图

图 5-1-7　TK7-619CH 水平井上部剩余油示意图

3）油藏工程设计

（1）注气量确定。

根据水平井上部剩余油类型油藏单井注氮气量优化设计图版，TK7-619CH 井最佳注气量为 0.3 PV，设计注气量为 450×10^4 m³，其中第 1 周期注气量为 45×10^4 m³（表 5-1-3），后续周期注气量按照实际情况进行调整。

表 5-1-3　TK7-619CH 单井周期注气量设计表

注气井	累积注气量 /(10^4 m³)	注气周期数 /个	周期注气量 /(10^4 m³)	注气速度 /(10^4 m³·d^{-1})	焖井时间 /d
TK7-619CH	450	10	45	10	15～20

（2）注气速度优化。

数值模拟显示，当注气速度为 10×10^4 m³/d 时，其累积产油量最高（据 3.3.2 节单井注气参数设计）。因此，TK7-619CH 井最佳注气速度为 10×10^4 m³/d。

（3）注气周期优化。

通过前期研究，6 种剩余油模型中短注长停有利于注入氮气在远端形成自身气顶，有效替换远端剩余油，其效果普遍优于长注短停及对称注气。

（4）焖井时间优化。

数值模拟显示，焖井时间为 20 d 时可获得较好的经济效益。因此，综合考虑拟定 TK7-619CH 井焖井时间为 15～20 d，注气试验过程中根据井口压力变化进行调整。

4）矿场应用效果

该井于 2012 年 12 月 17 日开始实施第 1 周期单井注氮气，周期注气 45×10^4 m³，焖井 13 d。开井后，油水界面降低，水平井上部剩余油得到驱替，最高日产油量达 78 t/d，周期增油量为 1 752 t（图 5-1-8、表 5-1-4）。

截至 2020 年底，该井已累计完成单井注氮气 5 周期，累计注氮气 320×10^4 m³（按塔河油田缝洞型油藏条件计算氮气地下体积为 1.05×10^4 m³），累计产液 3.2×10^4 t，累计增油 2.3×10^4 t，整体方气换油率达到 2.23 t/m³（表 5-1-4）。分析认为，注入氮气对水平井上部剩余油进行了置换，置换后氮气、地层原油和底水进行了局部的重新分布，多轮次注气对重新分布后的地层原油进行了再次动用。

171

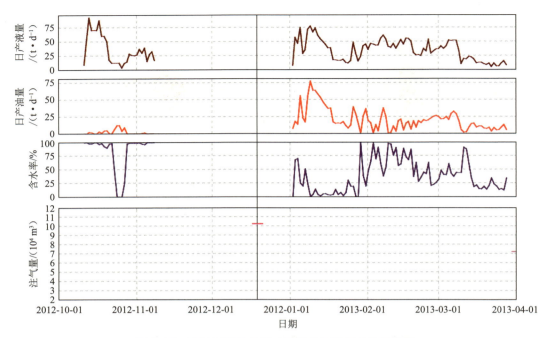

图 5-1-8　TK7-619CH 井第 1 周期注氮气开发效果曲线

表 5-1-4　TK7-619CH 单井注氮气周期效果表

周　期	周期注气量 /(10⁴ m³)	周期增油量 /t	周期方气换油率 /(t·m⁻³)	累积方气换油率 /(t·m⁻³)
1	45	1 752	1.19	1.19
2	50	886	0.54	0.85
3	50	1 018	0.62	0.77
4	100	10 265	3.13	1.73
5	75	9 420	3.86	2.23

5.1.3　底水未波及型剩余油典型井

1) 地质概况

TK485 井是塔河油田艾协克 2 号构造东南翼的一口评价井,于 2005 年 8 月 9 日开钻,2005 年 10 月 3 日完钻,完钻井深 5 548 m,完钻层位为中—下奥陶统鹰山组($O_{1-2}y$),T_7^4 顶深 5 449 m,进入鹰山组 99 m,钻井过程中无漏失、放空。

地震时间偏移剖面显示 T_7^4 以下串珠状反射特征明显(图 5-1-9),0~20 ms 振幅变化率较大(图 5-1-10),TK485 井区钻井无放空、漏失,酸压压降大,停泵压力低,酸压效果较好。测井解释储集体发育,初步分析该井储集体为大裂缝+溶洞,且以大裂缝为主。

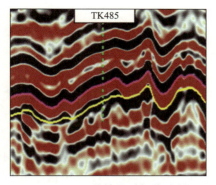

图 5-1-9　TK485 井地震时间偏移剖面图

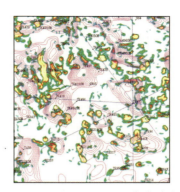

图 5-1-10　TK485 井 0~20 ms 振幅变化率图

此类油藏底水能量不强,水锥较小,只能有效驱替近井带原油,底水波及范围较小,剩余油主要分布在远井地区(图 5-1-11)。

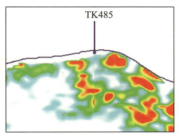

(a) 50 Hz 分频属性图

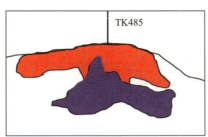

(b) 剩余油示意图

图 5-1-11　TK485 井底水未波及剩余油示意图

2) 注氮气潜力评价

综合地震、钻井、测井资料及完井和投产后生产情况可知,TK485 井具有注气挖潜的潜力:

(1) 该井储集体 T_7^4 以下串珠状反射特征明显,井区北部发育局部构造高点且储集体发育;

(2) 堵水后仍高含水,转周期注水、间抽生产,水体仍沿大裂缝快速上升,抑制了顶部储层的有效动用,表明井周高部位存在水驱无法动用的剩余油;

(3) 采用采出程度加权法计算得到的 TK485 井控制储量为 12.88×10^4 t,剩余可采储量为 5.83×10^4 t,仍具有一定的剩余油潜力。

3) 油藏工程设计

(1) 注气量确定。

数值模拟显示,底水未波及剩余油注气量为 0.3 PV 和 0.5 PV 时两方案采收率接近,仅相差 0.4%,注气量高于 0.5 PV 后经济效益较差(据 3.3.2 节单井注气参数设计)。因此,针对 TK485 井的底水未波及剩余油,最佳注气量为 0.3 PV,设计累积注气量为 550×10^4 m³,其中第 1 周期注气量为 50×10^4 m³(表 5-1-5),后续周期注气量按照实际情况进行调整。

表 5-1-5　TK485 单井周期注气量设计表

注气井	累积注气量 /(10^4 m³)	注气周期数 /个	周期注气量 /(10^4 m³)	注气速度 /(10^4 m³·d⁻¹)	焖井时间 /d
TK485	550	10	50	6	15~20

（2）注气速度优化。

数值模拟显示，当注气速度为 6×10^4 m³/d 时，其累积产油量最高（据 3.3.2 节单井注气参数设计）。因此，TK485 井最佳注气速度为 6×10^4 m³/d。

（3）注入方式优化。

根据该井前期生产情况及注气现场试验结果，本次注气采取气水混注的注入方式进行施工，目的是合理控制注入压力，确保注气顺利施工。

（4）焖井时间优化。

TK485 井酸压沟通较大规模的储集体，表现为裂缝-孔洞型沟通较大规模的溶洞型储层，结合前期试验井关井-生产情况，设计关井时间为 15～20 d，注气过程中根据井口压力变化进行调整。

4）矿场应用效果

TK485 井于 2013 年 10 月 23 日开始实施第 1 周期单井注氮气，注入氮气 50×10^4 m³，注入油田水 1 552 m³，焖井 55 d。开井后，含水率迅速下降，最高日产油量达 30 t/d，周期增油量为 1 133 t（图 5-1-12、表 5-1-6）。

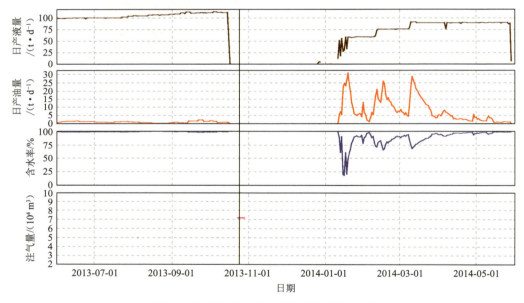

图 5-1-12 TK485 井第 1 周期注气效果曲线

截至 2020 年底，该井累计完成单井注氮气 9 周期，累计注氮气 600×10^4 m³（按塔油田河缝洞型油藏条件计算氮气地下体积 2.0×10^4 m³），累计产液 6.1×10^4 t，累计增油 1.4×10^4 t，整体方气换油率达到 0.71 t/m³（表 5-1-6）。截至 2021 年底，TK485 井仍保持较好的注气增产效果，表现出较好的氮气有效埋存和置换剩余油的效果。分析认为，注入氮气进入该井储集体后形成气顶，对底水锥进造成的底水未波及剩余油形成了有效动用。

表 5-1-6　TK485 单井注氮气周期效果表

周　期	周期注气量 /(10⁴ m³)	周期增油量 /t	周期方气换油率 /(t·m⁻³)	累积方气换油率 /(t·m⁻³)
1	50	1 133	0.69	0.69
2	80	1 387	0.53	0.59
3	80	921	0.35	0.50
4	80	277	0.11	0.39
5	60	651	0.33	0.38
6	60	2 006	1.02	0.47
7	66	506	0.23	0.47
8	60	1 098	0.56	0.48
9	60	5 490	2.79	0.71

5.1.4　裂缝型剩余油典型井

1）地质概况

TK407 井是塔河油田艾协克 2 号构造南高点的一口开发井,于 1999 年 2 月 10 日开钻,6 月 14 日完钻,完钻井深 5 480 m,完钻层位为中—下奥陶统鹰山组($O_{1-2}y$),T_7^4 顶深 5 393 m,进入鹰山组 87 m,钻井过程中无放空、漏失。

TK407 井区振幅变化率局部相对较强(图 5-1-13),主要呈条带分布,米字形地震时间偏移剖面显示该井钻遇规模性杂乱强反射(图 5-1-14),且井周发育局部构造高点,井区褶曲发育。该井位于褶曲核部,具有有利的地质条件。

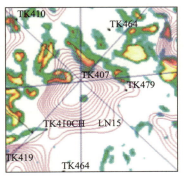

图 5-1-13　TK407 井 0~20 ms 振幅变化率图

图 5-1-14　TK407 井米字形地震时间偏移剖面图

裂缝型剩余油普遍存在暴性水淹现象,油水沿裂缝窜流,将裂缝周围孔隙内的原油驱替采出,而剩余油主要分布于生产井上方非水窜缝洞中(图 5-1-15)。

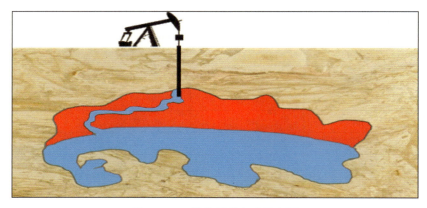

图 5-1-15　裂缝型剩余油示意图

2）注氮气潜力评价

综合地震、钻井、测井资料及完井和投产后生产情况可知，TK485 井具有注气挖潜的潜力：

（1）井周振幅变化率较强，钻遇杂乱异常体规模较大，发育局部构造高点；

（2）通过换电泵提液可以增加生产时效，但同时也会加速水体的快速上升，抑制顶部储层的有效动用，因此井周高部位可能存在水驱无法动用的剩余油；

（3）采用采出程度加权法计算得到的 TK407 井控制储量为 130.81×10^4 t，剩余可采储量为 5.55×10^4 t，仍具有一定的剩余油潜力。

3）油藏工程设计

（1）注气量确定。

数值模拟显示，裂缝型剩余油注气量为 0.3 PV 和 0.5 PV 时两方案采收率接近，仅相差 0.4%，注气量高于 0.5 PV 后经济效益较差（据 3.3.2 节单井注气参数设计）。因此，针对 TK407 井裂缝型剩余油，最佳注气量为 0.5 PV，设计累积注气量为 850×10^4 m³，其中第 1 周期注气量为 50×10^4 m³（表 5-1-7），后续周期注气量按照实际情况进行调整。

表 5-1-7　TK407 单井周期注气量设计表

注气井	累积注气量 /(10^4 m³)	注气周期数 /个	周期注气量 /(10^4 m³)	注气速度 /(10^4 m³·d⁻¹)	焖井时间 /d
TK407	850	17	50	6	15～20

（2）注气速度优化。

数值模拟显示，当注气速度为 6×10^4 m³/d 时，其累积产油量最高（据 3.3.2 节单井注气参数设计）。因此，TK407 井最佳注气速度为 6×10^4 m³/d。

（3）注气周期优化。

通过前期研究，6 种剩余油模型中短注长停有利于注入氮气在远端形成自身气顶，有效替换远端剩余油，其效果普遍优于长注短停及对称注气。

（4）焖井时间优化。

数值模拟显示，焖井时间为 20 d 时可获得较好的经济效益。因此，综合考虑 TK407 井焖井时间拟定为 15～20 d,注气试验过程中根据井口压力变化进行调整。

4) **矿场应用效果**

TK407 井于 2013 年 3 月 8 日开始实施第 1 周期单井注氮气,注入氮气 45×10^4 m³,注入油田水 1 113 m³。开井后,含水率迅速下降,最高日产油量达 30 t/d,周期增油量为 1 133 t (图 5-1-16、表 5-1-8)。

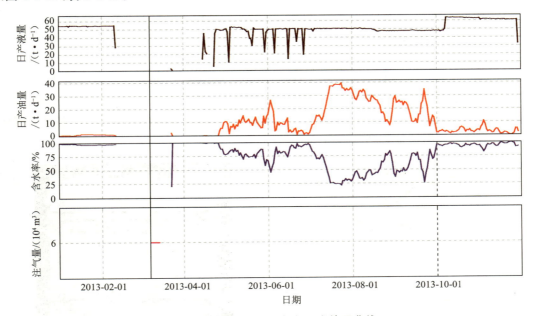

图 5-1-16   TK407 井注氮气开发效果曲线

表 5-1-8   TK407 单井注氮气周期效果表

周　　期	周期注气量 /(10^4 m³)	周期增油量 /t	周期方气换油率 /(t·m⁻³)	累积方气换油 /(t·m⁻³)
1	45	2 861	1.94	1.94
2	80	4 695	1.80	1.85
3	80	1 127	0.43	1.29
4	80	893	0.34	1.03
5	80	2 147	0.82	0.98
6	80	3 927	1.50	1.07
7	80	5 306	2.02	1.22

截至 2020 年底,该井累计完成单井注氮气 7 周期,累计注氮气 525×10^4 m³(按塔河油田缝洞型油藏条件计算氮气地下体积 1.72×10^4 m³),累计产液 9.2×10^4 t,累计增油 2.1×10^4 t,整体方气换油率达到 1.22 t/m³(表 5-1-8)。截至 2021 年底,TK407 井仍保持较好的注气增产效果,表现出较好的氮气有效埋存和置换剩余油的效果。分析认为,注入氮气沿裂缝在井周缝网系统内不断埋存,对强底水能量形成抑制,对裂缝型底水剩余油形成有效动用。

5.1.5 底水封挡型剩余油典型井

1）地质概况

TK744井是塔河油田牧场北3号构造西南侧斜坡的一口开发井,于2004年3月1日开钻,2004年4月27日完钻,完钻井深5 675 m,完钻层位为奥陶系中—下统鹰山组,T$_7^4$顶深5 558 m,揭开奥陶系117 m;钻至5 651 m发生放空,放空井段为5 656.5～5 658.3 m和5 661.1～5 666.5 m,并且发生严重漏失,共计漏失钻井液126 m³。

TK744井区0～13 ms振幅变化率较强,南北差异性较大,井区以北振幅变化率较强,井区以南相对较弱,TK744井平面位置处于强振幅变化率边缘(图5-1-17);米字形地震时间偏移剖面显示该井所处构造位置相对平缓,钻遇串珠规模较大,与井周地震弱发射特征形成对比,地震反射特征有利(图5-1-18)。

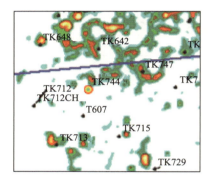

图5-1-17 TK744井0~13 ms振幅变化率图

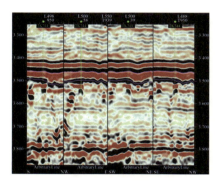

图5-1-18 TK744井米字形地震时间偏移剖面

底水封挡型剩余油(图5-1-19)由于存在隔水层或底水能量不足,导致油藏自身能量较弱,产能较低。

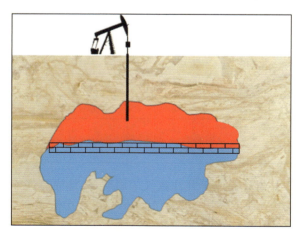

图5-1-19 底水封挡型剩余油示意图

2）注氮气潜力评价

（1）纵向上钻遇溶洞和多套裂缝-孔洞型储层，酸压裂缝-孔洞储层沟通了较大规模的储集体；

（2）自然投产高含水后，通过逐层上提塞面，扩大天然水驱波及体积，均取得了一定的增油效果，表明井周存在天然水驱无法动用的剩余油；

（3）采用采出程度加权法计算得到的 TK744 井控制储量为 $50.01×10^4$ t，剩余可采储量为 $6.23×10^4$ t，剩余油潜力较大。

3）油藏工程设计

（1）注气量确定。

数值模拟显示，底水封挡型剩余油注气量为 0.3 PV 和 0.5 PV 时两方案采收率接近，仅相差 0.4%，注气量高于 0.3 PV 后经济效益较差（据 3.3.2 节单井注气参数设计）。因此，对于 TK744 井的底水封挡型剩余油，最佳注气量为 0.3 PV，设计累积注气量为 $580×10^4$ m^3，其中第 1 周期注气量为 $50×10^4$ m^3（表 5-1-9），后续周期注气量按照实际情况进行调整。

表 5-1-9　TK744 单井周期注气量设计表

注气井	累积注气量 /(10^4 m^3)	注气周期数 /个	周期注气量 /(10^4 m^3)	注气速度 /(10^4 m^3·d^{-1})	焖井时间 /d
TK744	580	10	50	6	15～20

（2）注气速度优化。

数值模拟显示，当注气速度为 $6×10^4$ m^3/d 时，其累积产油量最高（据 3.3.2 节单井注气参数设计）。因此，TK744 井最佳注气速度为 $6×10^4$ m^3/d。

（3）注气周期优化。

通过前期研究，6 种剩余油模型中短注长停利于注入氮气在远端形成自身气顶，有效替换远端剩余油，其效果普遍优于长注短停及对称注气。

（4）焖井时间优化。

数值模拟显示，焖井时间为 20 d 时可获得较好的经济效益。因此综合考虑 TK744 井焖井时间拟定为 15～20 d，注气试验过程中可根据井口压力变化进行调整。

4）矿场应用效果

TK744 井于 2013 年 2 月 5 日开始实施第 1 周期单井注氮气，注入氮气 $45×10^4$ m^3，注入油田水 1 116 m^3。开井后，最高日产油量达 20 t/d，周期增油量为 7 635 t（图 5-1-20、表 5-1-10）。

截至 2020 年底，该井累计完成单井注氮气 6 周期，累计注氮气 $446×10^4$ m^3（按塔河油田缝洞型油藏条件计算氮气地下体积 $1.46×10^4$ m^3），累计产液 $5.4×10^4$ t，累计增油 $2.88×10^4$ t，整体方气换油率达到 1.97 t/m^3（表 5-1-10）。截至 2021 年底，TK744 井仍保持较好的注气增产效果，表现出较好的氮气有效埋存和置换剩余油效果。

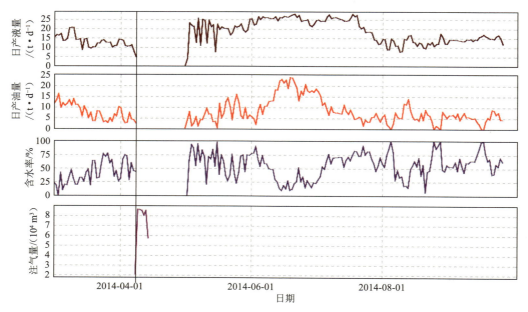

图 5-1-20　TK744 井注氮气开发效果曲线

表 5-1-10　TK744 单井注氮气周期效果表

周　期	周期注气量 /(10⁴ m³)	周期增油量 /t	周期方气换油率 /(t·m⁻³)	累积方气换油率 /(t·m⁻³)
1	45	7 635	5.16	5.16
2	50	2 981	1.81	3.40
3	50	2 842	1.73	2.82
4	50	2 203	1.34	2.44
5	100	1 826	0.56	1.80
6	150	11 330	2.30	1.97

5.1.6　封隔溶洞型剩余油典型井

1）地质概况

TK691 井是塔河六区的一口开发井,于 2012 年 6 月 21 日完钻,完钻井深 5 721 m,完钻层位为中—下奥陶统鹰山组($O_{1-2}y$),T_7^4顶深 5 521.5 m,进入鹰山组 199.5 m,钻井过程中无放空、漏失。

该井位于构造轴部的局部构造高点,井周显示 40～60 ms 振幅变化率较强(图 5-1-21),地震时间偏移剖面具有表层弱＋深部串珠状反射特征(图 5-1-22)。

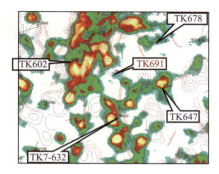

图 5-1-21　TK691 井 40~60 ms 振幅变化率图

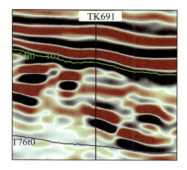

图 5-1-22　TK691 井地震时间偏移剖面

TK691 井剩余油分布是典型的封隔溶洞型,由于致密层隔断作用,溶洞渗流通道面积减小,渗流能力降低,封隔溶洞内剩余油不能有效动用。经过一段时间开发后,由于底水上升,将原有较小的渗流通道进一步阻隔,所以只有近井地带溶洞内剩余油能够有效动用,封隔溶洞内存在大量剩余油无法有效采出的情况(图 5-1-23)。

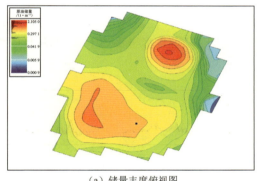

（a）储量丰度俯视图

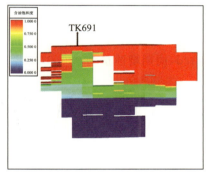

（b）含油饱和度剖面分布图

图 5-1-23　封隔溶洞型剩余油示意图

2）注氮气潜力评价

（1）该井位于构造轴部的局部构造高点,地震剖面具有表层弱＋深部串珠状反射特征,发育较大规模储集体;

（2）测井解释完井井段有 1 层 Ⅱ 类储层,厚 14.5 m,4 层 Ⅲ 类储层,厚 36.5 m;

（3）采用容积法计算得到的 TK691 井控制储量为 48.42×10^4 t,剩余可采储量为 5.1×10^4 t,具有较大的剩余油潜力。

3）油藏工程设计

（1）注气量确定。

数值模拟显示,封隔溶洞型剩余油注气量为 0.2 PV 和 0.5 PV 时两方案采收率接近,仅相差 0.4%,注气量高于 0.2 PV 后经济效益较差(据 3.3.1 节单井注气参数设计)。因此,对为 TK691 井的封隔溶洞型剩余油,最佳注气量为 0.2 PV,设计累积注气量为 450×10^4 m³,其中第 1 周期注气量 50×10^4 m³(表 5-1-11),后续周期注气量按照实际情况进行调整。

表 5-1-11 TK691 单井周期注气量设计表

注气井	累积注气量 /(10^4 m^3)	注气周期数 /个	周期注气量 /(10^4 m^3)	注气速度 /(10^4 m^3 · d^{-1})	焖井时间 /d
TK691	450	9	50	6	15~20

（2）注气速度优化。

数值模拟显示,当注气速度为 $6×10^4$ m^3/d 时,其累积产油量最高(据 3.3.2 节单井注气参数设计)。因此,TK691 井最佳注气速度为 $6×10^4$ m^3/d。

（3）注气周期优化。

通过前期研究,6 种剩余油模型中短注长停有利于注入氮气在远端形成自身气顶,有效替换远端剩余油,其效果普遍优于长注短停及对称注气。

（4）焖井时间优化。

数值模拟显示,焖井时间为 20 d 时可获得较好的经济效益。因此,综合考虑拟定 TK691 井焖井时间为 15~20 d,注气试验过程中根据井口压力变化进行调整。

4）矿场应用效果

TK691 井于 2014 年 12 月 28 日开始实施第 1 周期单井注氮气,2014 年 12 月 28 日至 2015 年 1 月 5 日注入氮气 $50×10^4$ m^3,焖井 45 d。开井后,含水率迅速下降,最高日产油量达 28 t/d,周期增油量为 935.07 t(图 5-1-24、表 5-1-12)。

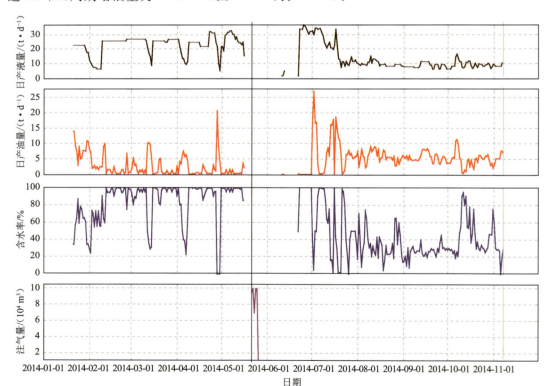

图 5-1-24 TK691 井注氮气开发效果曲线

截至 2020 年底,该井累计完成单井注氮气 4 周期,累计注氮气 351×10^4 m^3(按塔河油田缝洞型油藏条件计算氮气地下体积 1.15×10^4 m^3),累计产液 3.4×10^4 t,累计增油 2.17×10^4 t,整体方气换油率达到 1.88 t/m^3(表 5-1-12)。截至 2021 年底,TK691 井仍保持较好的注气增产效果,表现出较好的氮气有效埋存和置换剩余油的效果。分析认为,注入氮气通过溶洞顶部通道快速进入封隔溶洞内,有效驱替封隔溶洞内的剩余油,实现封隔溶洞剩余油的有效动用。

表 5-1-12　TK691 单井注氮气周期效果表

周　　期	周期注气量 /(10^4 m^3)	周期增油量 /t	周期方气换油率 /(t·m^{-3})	累积方气换油率 /(t·m^{-3})
1	50	935.07	0.57	0.57
2	50	174.62	0.11	0.34
3	100	987.94	0.3	0.32
4	150	19 590.49	3.98	1.88

5.2　单元注氮气典型案例

5.2.1　风化壳岩溶背景

1)地质概况

S65 单元位于塔河四区西南部(图 5-2-1),单元内发育一条北北西深大断裂。单元内局部残丘发育,储集体沿着河道分布,呈条带状,规模较大,属于古暗河+断裂+残丘复合控制的岩溶背景(图 5-2-2)。

图 5-2-1　S65 单元平面位置图

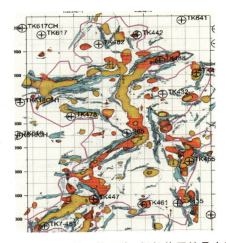

图 5-2-2　S65 单元能量体+蚂蚁体属性叠合图

2）单元前期注水效果及连通性分析

（1）TK461—TK455—TK447 注采井组。

TK461—TK455—TK447 注采井组注采曲线如图 5-2-3 所示。

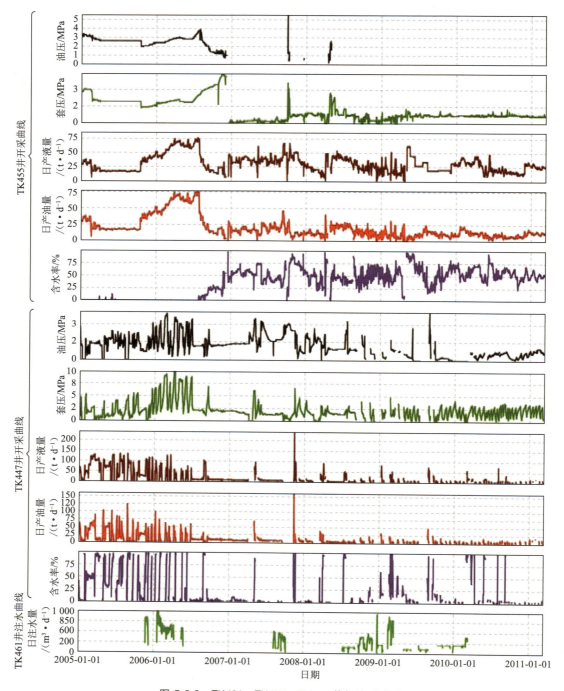

图 5-2-3　TK461—TK455—TK447 井组注采曲线

由图 5-2-3 可见，TK461—TK455—TK447 井组注采响应明显，TK461 井 2006 年 1 月 19 日开始正式注水，邻井 TK455 井日产油量由 17 t/d 上升到 76 t/d，增油效果显著；TK447 井油压由 1.1 MPa 上升到 6.6 MPa，存在压力响应。这说明 TK461 井与 TK455 井和 TK447 井动态连通性好，注水能起到补充地层能量和控制产量递减的作用。

（2）TK435—TK455 井组。

TK435—TK455 井组注采曲线如图 5-2-4 所示。

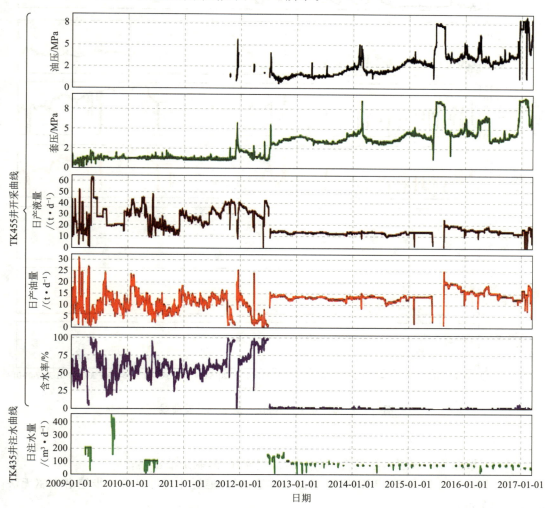

图 5-2-4　TK435—TK455 井组注采曲线

由图 5-2-4 可见，TK435—TK455 井组注采响应明显，TK435 井自 2012 年 7 月 1 日开始注水，邻井 TK455 井套压由 1.3 MPa 上升到 4.0 MPa，日产油量由 1 t/d 上升到 14 t/d。这说明 TK435 井注水对 TK455 井产生了正面效应，两口井连通性很好。

3）单元前期注气效果及连通性分析

针对 S65 单元 TK461 井组目前生产井产量递减、开发效果变差等问题，TK7-451 井和 TK461 井先后于 2014 年 1 月 24 日和 3 月 1 日开展单井注氮气吞吐试验，增油效果不明显；TK7-451 井于 2015 年 4 月转单元注气井，累计注气 965×10^4 m³，TK447 井受效显著，累计增油 1.2×10^4 t（图 5-2-5）；邻井 TK461 井未见效，说明 TK461 井与 TK7-451 井连通性不好。

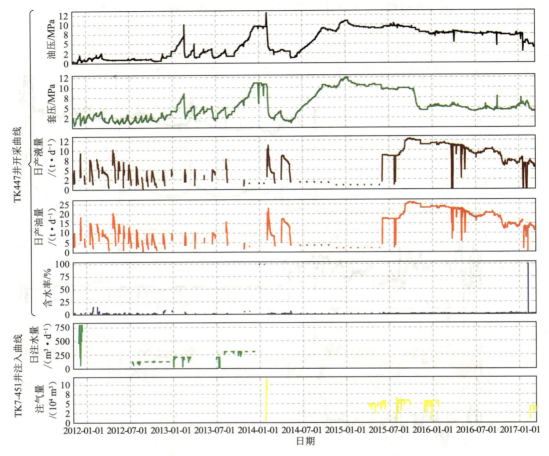

图 5-2-5 TK7-451—TK447 井组注气开发曲线

4）注气潜力分析

（1）区域储集体表层岩溶发育，累产高，油气充注好，剩余油富集；

（2）TK461—TK455—TK447 井组注水连通性好，通过注气可以进一步挖潜水驱无法驱替的剩余油；

（3）TK461 井周残丘发育，高含水，可通过该井注气驱替井周阁楼油。

由此可见，TK461—TK455—TK447 井组前期注水连通性好，井周及井间剩余油丰富，实施单元注气可以动用注水无法驱替的井间剩余油，因此该井组具有开展单元注气的潜力。

5）油藏工程设计

（1）注采井网设计。

经分析，TK461 井与邻井显示注水连通性好，因此注采对应关系设计为高注低采，即选择高部位 TK461 井注气,驱替井周剩余油。

TK461 井组共有 5 口油井,选取 TK461 井作为注气井,一线受效井为相对低部位的 TK455 井,TK447 井作为二线受效监测井(表 5-2-1、表 5-2-2、图 5-2-6)。

表 5-2-1　TK461—TK455—TK447 井组氮气驱注采井网部署表

单　元	注气井	预计受效井	二线监测井
S65	TK461	TK455	TK447

表 5-2-2　TK461—TK455—TK447 井组目前生产层段统计表

井　名	完钻井深 /m	鹰山组顶深 /m	放空漏失井段 /m	目前完井层段 /m	产层距 T界面距离/m
TK461	5 604.68	5 450.5	5 594.6~5 596.7	5 450.5~5 470.0	0~19.5
TK455	5 682.5	5 486.0	5 535.67~5 682.5	5 486.0~5 548.0	0~62.0
TK447	5 485.0	5 467.0	5 474.7~5 475.0/ 5 474.53~5 485.0	5 467.0~5 485.0	0~18.0

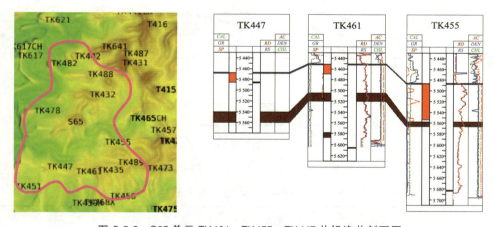

图 5-2-6　S65 单元 TK461—TK455—TK447 井组连井剖面图

(2)注气量设计。

利用水驱曲线法对 S65 单元 TK461 井组进行可采地质储量标定,标定结果为 TK461 井组可采地质储量 $77.4×10^4$ t(图 5-2-7),采收率 28.4%。利用采出程度加权法计算得到的 TK461—TK455—TK447 井组可采地质储量为 $46.6×10^4$ t,剩余可采地质储量为 $15.8×10^4$ t。

当注气量为剩余可采地质储量的 1/5 时,注气波及体积达到最大,能够较好地提高油藏采收率(图 5-2-8)。根据此原则,设计 TK461—TK455—TK447 井组注气总量为 $3.16×10^4$ m³(地层条件下),折算地面体积为 $960×10^4$ m³。

根据国内外矿场注气经验值,首轮注气量按照 1/4 总注气量进行设计,即首轮注气量 $240×10^4$ m³,日注气量 $3.6×10^4$ m³/d,后期根据首轮注气情况进行调整(表 5-2-3)。

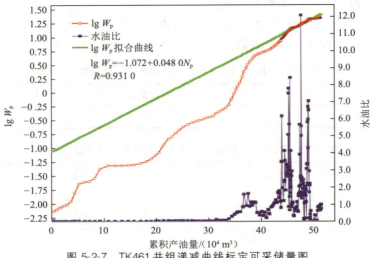

图 5-2-7　TK461 井组递减曲线标定可采储量图

W_p—累积注水量；N_p—累积产油量

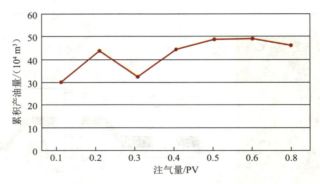

图 5-2-8　不同注气量数值模拟曲线

表 5-2-3　TK461—TK455—TK447 氮气驱井组注气量设计表

注气井	首轮日注气量 /(10^4 m³·d⁻¹)	首轮注气量 /(10^4 m³)	注气周期数 /个	累积注气量 /(10^4 m³)
TK461	3.6	240	4	960

（3）注气周期设计。

前期研究表明，周期注气是缝洞型油藏注气开发过程中最适宜的注气方式，其气体波及体积明显大于连续注气，因此 TK461—TK455—TK447 井组采用周期注气方式进行注气。

根据氮气驱矿场统计结果，在不同的岩溶背景和地质储量基础条件下，设计合理的注气周期可以达到较好的气驱效果（表 5-2-4）。TK461—TK455—TK447 井组属于风化壳岩溶背景，同时底部发育古暗河，井组覆盖地质储量 272.2×10^4 t，综合考虑设计注气周期为注气 100 d 停 129 d。后期根据现场注气受效情况进行调整，以达到长期受效、避免气窜的目的。

表 5-2-4　TK461—TK455—TK447 氮气驱井组注气周期设计表

岩溶背景	地质储量	注气周期	
		注气时间/d	停注时间/d
风化壳	大（>200×10⁴ t）	188	57
	中（50×10⁴～200×10⁴ t）	140	43
	小（<50×10⁴ t）	7	209

6）矿场应用效果

S65 单元后期为了整体提高单元储量动用，在单元北部又部署了一口单元注气井 TK432 井。TK432—S65—TK488 注采井组位于区块西南部 S65 峰丛区域，沿垄脊方向连通明显，水驱与气驱连通方向性一致（图 5-2-9、图 5-2-10）。2017 年 9 月 23 日开始单元注气，截至目前累计注气 958×10⁴ m³，累计增油 5.33×10⁴ t，方气换油率 1.69 t/m³，气驱效率和效果均较好。该井组目前氮气驱效果稳定。TK432—S65 注采井对气驱主要动用井周、井间沿垄脊展布的高部位溶洞储集体，连通方向与垄脊方向一致。该注采井对井间显示有大规模溶洞储集体，气驱过程中 S65 井保持较稳定的无水生产，目前日产油 17 t，效果较好。TK488 井关井导致 TK432—TK488 注采井对 288 d 无法评价驱油效果。从目前开井后的增油效果来看，TK488 井是 TK432 气驱井的另一口注气井，气驱动用剩余油类型与 S65 井方向一致（图 5-2-11）。

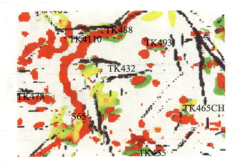

图 5-2-9　TK432—S65—TK488 井组连通关系图

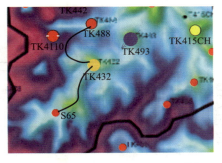

图 5-2-10　TK432—S65—TK488 井间储集体发育属性图

S65 单元最早部署的 TK461—TK455 注采井组位于塔河四区西南部丘丛垄脊控制区域，水驱与气驱连通方向一致且单一（图 5-2-12、图 5-2-13）。截至 2021 年底，累计注气 233×10⁴ m³，累计增油 0.9×10⁴ t，方气换油率 1.17 t/m³（四区为 0.39 t/m³），气驱效率和效果均较好。该井组目前氮气驱效果稳定，下一步工作方向主要是周期注气量、注气周期的优化调整。该井组静态上无明显的裂缝通道，TK455 井与 TK461 井位于两条垄脊，但前期水驱明确井间存在高导流裂缝通道，注入水很快形成水窜通道，气驱过程中 TK455 井则保持较为稳定的无水生产。分析认为，TK461 井注入氮气主要埋存于井间，较为稳定地驱油，但一注一采的方式存在气窜风险，因此 TK455 井出现振幅较小的压力波动（图 5-2-14）。

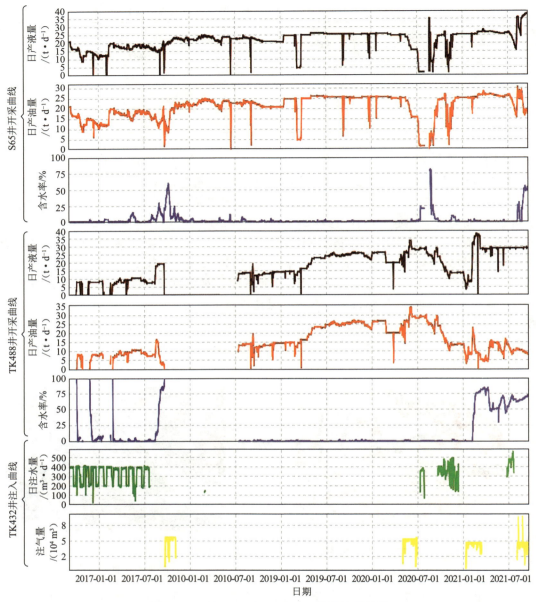

图 5-2-11　TK432—S65—TK488 井组注采曲线

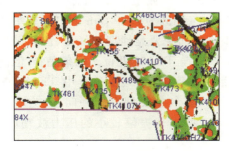

图 5-2-12　TK461—TK455 井组连通关系图

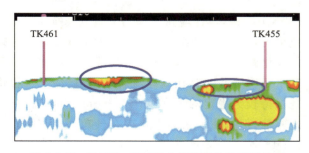

图 5-2-13　TK461—TK455 井间储集体发育属性图

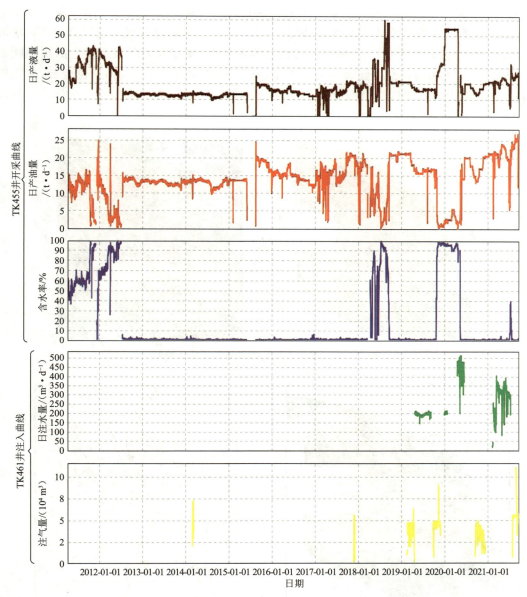

图 5-2-14　TK461—TK455 井组注采曲线

5.2.2　古暗河岩溶背景

1）地质概况

塔河六至七区奥陶系顶面埋藏深度在 5 300～5 600 m 之间,顶面构造整体上表现为北东高南西低的趋势,中部高,向四周变低,呈现为一系列北东走向的残丘(图 5-2-15)。受岩溶古地貌控制,塔河六至七区海西早期主要发育古地表水系和古地下水系。六至七区东北部为岩溶台地,是地表水补给区,缺乏地表径流;南部、西部及北部为岩溶缓坡及小范围岩溶沟谷,属地表水的径流区及汇水区,因此六至七区海西早期地表水系主要分布在区块的南部、西部及北部(图 5-2-16)。S67 单元位于构造轴部,发育深大断裂及伴生的次级断裂(图 5-2-17),T_7^4 断裂特征主要表现为断距小、延伸短,整体上,北部因构造位置高,断裂密集发育,断裂优势走向以北东、北西向为主;南部密度较小,发育数量少,走向以北西向为主。

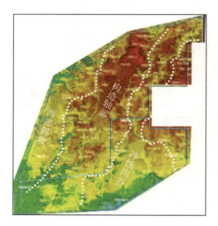
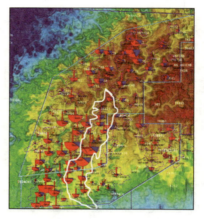

图 5-2-15　塔河六至七区奥陶系油藏构造图

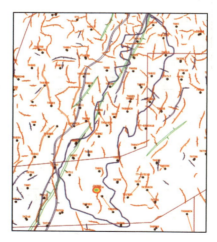

图 5-2-16　塔河油田水系分布图　　　图 5-2-17　塔河油田 S67 单元断裂分布图

2)单元前期注水效果及连通性分析

S67 单元自 2009 年实施单元注水以来,累计实施单元注水 7 口井,建立注采井组 6 个,其中效果稳定井组 1 个(TK643—S67 井组),变差井组 5 个,未受效井 3 口,因注水效果变差及未建立明显动态响应而停注井 4 口;目前日注水 250 m³,累计注水 84.62×10⁴ m³,累计增油 2.35×10⁴ t(表 5-2-5)。

表 5-2-5　S67 单元注水受效情况统计表

效果评价	序号	注水井	受效井	受效日期	目前日注水量 /(m³·d⁻¹)	累积注水量 /(10⁴ m³)	累积增油量 /(10⁴ t)	备注
稳定	1	TK643	S67	2011-11-30	100	24.18	0.63	
变差	2	TK766	TK7-637H	2006-10-01	50	8.41	1.13	受效井上返未建产,目前无受效井
变差	3	TK765CH	TK667	2010-04-17	停注	10.12	0.45	
			TK711	2010-04-03				
			TK746X	2011-01-01				
变差	4	TK666	TK667	2013-03-04	停注	2.35	0.15	
未受效	6	TK649			100	12.69		
未受效	5	TK620			停注	15.18		转单井注气
未受效	7	TK7-631			停注	11.69		
合计					250	84.62	2.35	

（1）受效稳定井组：TK643—S67 井组。

TK643 井位于 S67 单元中部主暗河条带上（图 5-2-18），构造位置相对较低，因底水锥进而低产低效，2010 年 5 月 9 日开展单元注水，至 2011 年 11 月 30 日累计注水 10.9×10⁴ m³；邻井 S67 井产液、产油呈上升趋势，动态响应明显，受效稳定。截至 2021 年，累计注水 24.18×10⁴ m³，累计增油 6 300 t（图 5-2-19）。

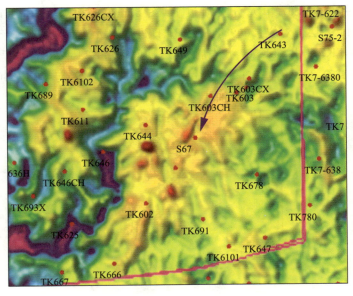

图 5-2-18　TK643—S67 井组构造图

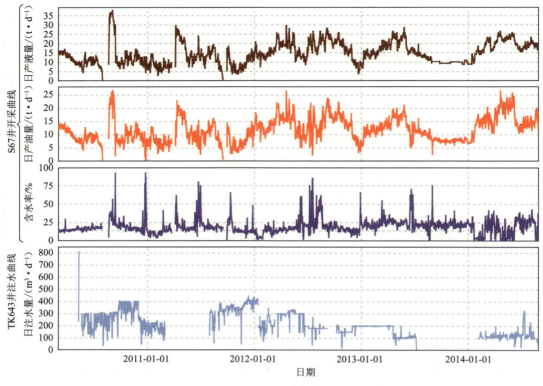

图 5-2-19　TK643—S67 井组注采对应曲线

（2）变差井组。

① TK765CH—TK667/TK711 井组。

TK765CH 井位于 S67 单元分支河道上（图 5-2-20），常规完井，生产暴性水淹，与 TK667 井、TK711 井层位对应，2009 年 9 月 30 日进行单元注水，至 2010 年 4 月累计注水 39 000 m³，邻井 TK711 井、TK667 井先后受效，期间因 TK746X 井含水呈上升趋势，逐步下调注水强度。截至 2021 年，3 口受效井生产效果均有变差趋势，TK765CH 井已停止注水，累计注水 10.12×10^4 m³，累计增油 4 500 t（图 5-2-21）。

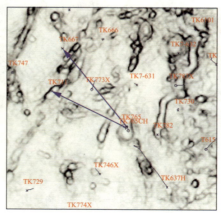

图 5-2-20　TK765CH—TK667/TK711 井组相干属性图

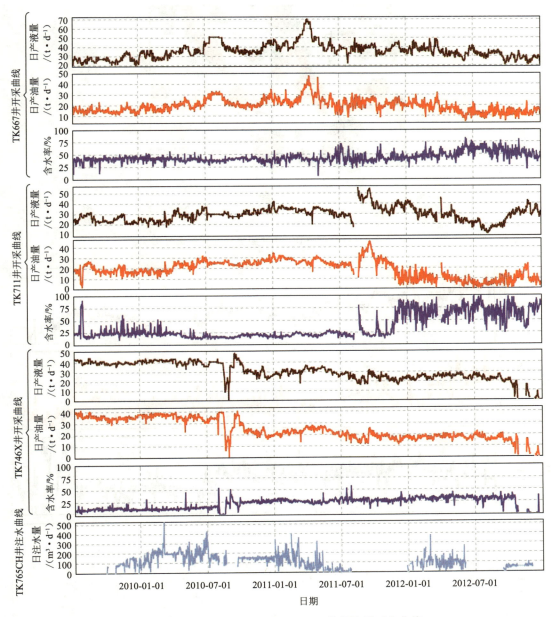

图 5-2-21　TK765CH—TK667/TK711 井组注采对应曲线

② TK666—TK667 井组。

TK666 井位于 S67 单元分支河道上(图 5-2-22),与邻井生产层位对应,因底水锥进而低产低效,2013 年 2 月 26 日开展单元注水,累计注水 1 200 m³,邻井 TK667 井受效明显,通过下调注水强度维持受效井生产稳定,因 TK667 井含水上升,TK666 井已停止注水,累计注水 2.35×10⁴ m³,累计增油 1 482 t(图 5-2-23)。

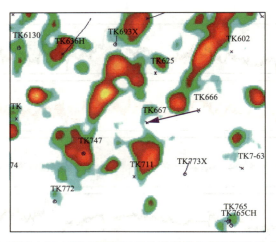

图 5-2-22　TK666—TK667 井组振幅变化率属性图

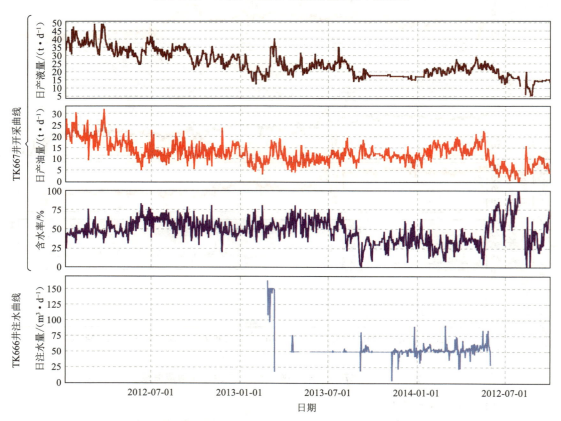

图 5-2-23　TK666—TK667 井组注采对应曲线

3）单元前期注气效果及连通性分析

截至目前，S67 单元有 12 口井实施注气吞吐，累计注气 22 轮次，共注气 $1\ 200 \times 10^4\ m^3$，累计注水 $3.2 \times 10^4\ m^3$，年产液 9.8×10^4 t，年产油 4.6×10^4 t，其中单井年产油 3 822 t，单轮次年产油 2 085 t（表 5-2-6）。

表5-2-6　S67单元前期注气情况表

序号	井名	储集体类型	剩余油类型	含水特征	递减特征	注气时间	完注时间	开井时间	注气轮次	注气量 /(10⁴ m³)	地下体积 /m³	注水量 /m³	年累产液 /t	年累产油 /t
1	TK7-619CH	酸压裂缝-孔洞	水平井上部	注水替油	快速递减	2012-12-17	2012-12-21	2013-01-02	1	50	1 468	606	2 990	1 752
						2013-03-30	2013-04-05	2013-04-13	2	50	1 639	1 093	2 319	895
						2013-09-18	2013-09-24	2013-10-13	3	50	1 636	1 302	2 560	1 021
						2014-09-14	2014-09-29	2014-10-12	4	100	3 277	690	105	37
2	TK602	酸压溶洞	底水未波及	波动上升	缓慢递减	2013-06-04	2013-06-13	2013-06-25	1	60	1 953	1 098	9 155	5 224
						2014-08-26	2014-09-08	2014-09-27	2	80	2 625	1 700	752	129
3	TK625	酸压溶洞	底水未波及	台阶上升	快速递减	2013-05-29	2013-06-03	2013-06-18	1	50	1 623	990	6 529	3 964
						2014-05-19	2014-05-26	2014-06-12	2	50	1 637	1 909	2 781	1 857
4	TK650	酸压溶洞	底水未波及	波动上升	缓慢递减	2013-05-18	2013-05-23	2013-06-01	1	50	1 637	832	7 443	4 216
5	TK717CH	自然溶洞	水平井上部	快速上升	快速递减	2013-04-23	2013-04-28	2013-05-08	1	50	1 632	1 292	7 384	4 120
						2014-05-06	2014-05-13	2014-06-03	2	50	1 632	1 924	2 976	924
6	TK644CH	自然溶洞	水平井上部	台阶上升	缓慢递减	2013-03-18	2013-03-23	2013-04-02	1	61	2 008	1 296	10 094	400
						2014-08-17	2014-08-24	2014-09-13	2	50	1 640	1 846	1 258	19
7	TK603CH	酸压裂缝-孔洞	水平井上部	波动上升	快速递减	2012-12-12	2012-12-17	2013-01-01	1	45	1 476	1 596	24 075	14 896
						2014-10-21	2014-10-31		2	50	1 639	952		
8	TK610	自然溶洞	底水未波及	台阶上升	缓慢递减	2013-10-22	2013-10-28	2013-12-23	1	50	1 636	2 087	4 241	648
						2014-09-25			2	50	1 638	874	52	21

续表 5-2-6

序号	井名	储集体类型	剩余油类型	含水特征	递减特征	注气时间	完注时间	开井时间	注气轮次	注气量 /(10⁴ m³)	地下体积 /m³	注水量 /m³	年累产液 /t	年累产油 /t
9	TK678	酸压裂缝-孔洞	水驱剩余油	注水替油	快速递减	2013-11-04	2013-11-10	2014-01-03	1	50	1 637	1 149	2 758	1 637
10	TK620	自然溶洞	残丘剩余油	波动上升	缓慢递减	2014-06-21	2014-06-28	2014-07-14	2	50	1 647	1 278	903	669
						2014-03-03	2014-03-13	2014-04-10	1	50	1 637	3 114	3 663	2 415
11	TK711	酸压溶洞	残丘剩余油	快速上升	快速递减	2014-03-15	2014-03-22	2014-04-11	1	53	1 730	2 742	4 268	303
12	TK691	酸压裂缝-孔洞	底水未波及	暴性水淹	快速递减	2014-05-19	2014-05-26	2014-06-12	1	50	1 637	1 466	1 647	720
合计									22	1 200	39 086	31 835	97 953	45 867

除 TK644CH 井和 TK711 井因水体能量强,累积产油量小于 500 t 以外,单井注气整体效果较好,方气换油率为 1.17 t/m³。从进行过多轮次注气的 8 口井的效果来看,随着注气轮次的增加,注气效果逐渐变差,注气单井产油由首轮的 4 080 t 下降至第 2 轮的 645 t。

例如 TK7-619CH 井(图 5-2-24),2008 年 6 月 9 日酸压完井,生产期间供液不足,2009 年 2 月—2012 年 11 月实施注水替油,累计注水 17 轮次共 45 881 m³,累计产液 14 340 t,累计产油 8 467 t,累计产水 5 873 t,注水失效。2013 年 1 月开始进行单井注气,截至 2021 年底累计注气 4 轮次共 250×10⁴ m³,累计产油 3 705 t,注气效果随注气轮次的增多呈变差趋势。

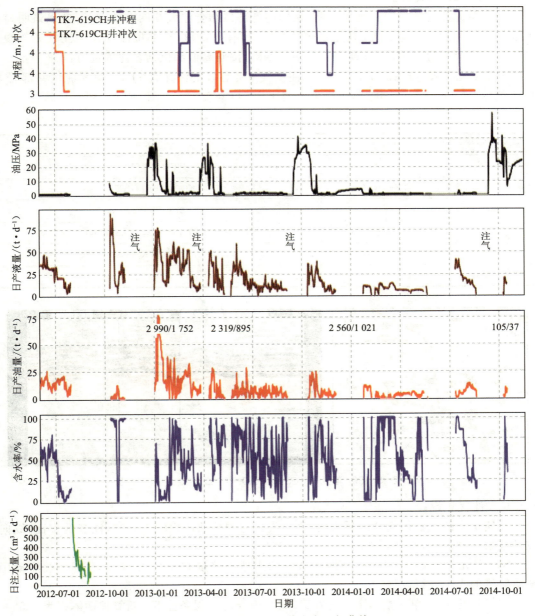

图 5-2-24　TK7-619CH 井生产运行曲线

4）注气潜力分析

（1）单井注气取得了较好的效果，说明区域残丘较发育，井点阁楼油富集，通过气体的重力分异作用可以有效动用顶部剩余油，达到提高采收率的目的；

（2）随注气轮次的增加，注气效果逐渐变差，说明井点阁楼油有限，为进一步扩大注气波及体积，动用水驱无法控制的顶部剩余油，有必要开展单元注气。

5）油藏工程设计

（1）注采井网设计。

前期单元注气数值模拟结果表明，采用高低部位结合注气井网有效期长，效果最明显；低部位注气井网注气见效快，但气驱前缘突破快，有效期短；高部位注气井网注气见效慢，整体驱油效果一般。因此，以现有注气井为基础，按照高低部位结合注气进行设计。

S67 单元共有生产井 27 口，已实施注氮气单井吞吐的油井有 11 口，单元注气共部署 5 口注气井，19 口一线受效井，形成注采井网比为 5∶19（表 5-2-7、图 5-2-25、图 5-2-26）。

表 5-2-7　S67 单元注采井网部署表

单　元	注气井	一线受效井
S67	TK620	TK623,TK650,TK7-619CH,TK610,TK7-622,TK717CH
	TK603CH	TK643,TK649,S67
	TK644CH	S67,TK678,TK602,TK691
	TK666	TK625,TK602,TK691,TK632,TK667,TK773X,TK631
	TK765CH	TK773X,TK631,TK711,TK746X
合　计	5 口	19 口

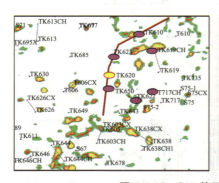 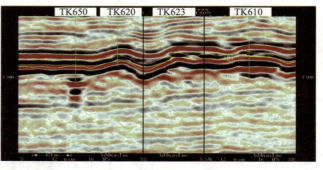

图 5-2-25　S67 单元 TK623—TK620—TK650 井组地震剖面图

（2）注气量设计。

前期单元注气数值模拟结果表明，当注气量为剩余油体积的 1/5 时，注气的平面、纵向波及效果达到最佳，驱油效率高。

S67 单元部署 5 口注气井，一线受效井动用地质储量 295×10^4 t（表 5-2-8），按照动用地质储量的 1/5 进行设计。

注气开发 5 年，单元整体注气量为 51.32×10^4 m³（地层条件下），折算地面体积为 1.56×10^8 m³，注水量 15.6×10^4 m³。

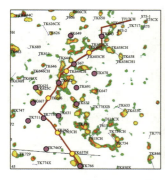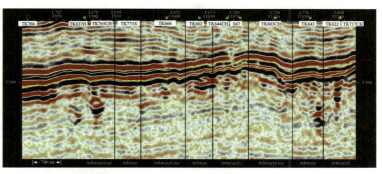

图 5-2-26　S67—TK766—TK637H—TK765CH—TK773X—TK666—TK602—
TK644CH—S67—TK603CH—TK643 井组地震剖面图

表 5-2-8　S67 单元各单井注气量设计表

注气井	一线受效井地质储量 /(10^4 t)	日注气量 /(10^4 m^3 · d^{-1})	年注气量 /(10^4 m^3 · d^{-1})	累积注气量 /(10^4 m^3)
TK620		5	900	4 500
TK603CH		4	480	2 400
TK644CH	295	5	900	4 500
TK666		4	480	2 400
TK765CH		3	360	1 800
合　计		21	3 120	15 600

（3）注气周期设计。

前期单元注气数值模拟结果表明,周期注气方式的增油效果明显优于连续注气、气水交替、注水,能够有效提高注气波及面积,提高采收率。

S67 单元注气方案采用周期注气方式,注气周期参考前期连通情况设计（表 5-2-9）:连通性较好、具有明显注采响应的井组,注气周期设计为注 1 个月停 2 个月;具有一定的连通性、动态上存在疑似连通的井组,注气周期设计为注 1 个月停 1 个月;后期根据现场注气受效情况进行调整,避免注气快速突破。

表 5-2-9　S67 单元注气周期设计表

单　元	注气井	注气周期
S67	TK620	注 1 个月,停 1 个月
	TK603CH	注 1 个月,停 2 个月
	TK644CH	注 1 个月,停 1 个月
	TK666	注 1 个月,停 2 个月
	TK765CH	注 1 个月,停 2 个月

6）矿场应用效果

S67 单元累计实施单元注气井 9 口，累计注气 6 423 m³×10⁴ m³，累计伴水 11.93×10⁴ m³，累计增油 10.35×10⁴ t，单元整体方气换油率 0.5 t/m³。目前持续有效的井组有 6 个，其中，TK625—TK693X 井组日增油 12 t，累计增油 2 807 t；TK644CH—S67 井组日增油 16 t，累计增油 1 063 t；S75-2CH—TK7-622 井组日增油 13 t，累计增油 6 842 t；TK6118—TK678CX—TK603CH 井组日增油 15 t，累计增油 1.2×10⁴ t(图 5-2-27、表 5-2-10)。

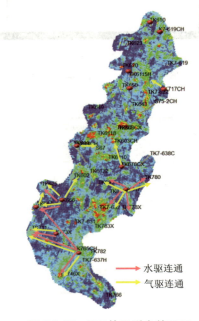

图 5-2-27　S67 单元剩余储量图

表 5-2-10　S67 单元注气效果统计表

单　元	注气井	注气量 /(10⁴ m³)	注水量 /m³	受效井	日增油量 /(t·d⁻¹)	含水率 /%	累积增油量 /t	井组累积增油量/t
S67	TK647	512	9 132	TK7-632		50	785	8 900
				TK6101	12	2	2 633	
				TK780		93	5 482	
	TK666	2371	37 444	TK667		88	19 247	63 089
				TK602			27 886	
				TK625			15 956	
	TK625	250	6 614	TK693X	12	73	2 807	2 807
	TK644CH	652	13 014	S67	16	10	1 063	1 063
	TK765CH	650	5 709	TK711			2 926	7 069
				TK746X			4 144	

续表 5-2-10

单元	注气井	注气量 /(10⁴ m³)	注水量 /m³	受效井	日增油量 /(t·d⁻¹)	含水率 /%	累积增油量 /t	井组累积增油量/t
S67	TK773X	833	23 965	TK711			2 227	2 227
	S75-2CH	400	6 923	TK7-622	13	62	6 842	6 842
	TK6118	621	10 897	TK603CH	3	43	5 997	5 997
	TK678CX	134	5 572	TK603CH	12	43	5 543	5 543

5.2.3　断溶体岩溶背景

1）地质概况

TH12201 单元位于塔河十二区中北部（图 5-2-28），呈现出南高北低的构造形态，受次级断裂和古暗河复合作用，岩溶缝洞发育，储集体规模较大，油气充注程度高（图 5-2-29）。

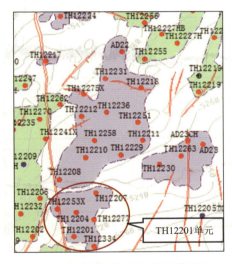

图 5-2-28　TH12201 单元平面位置图

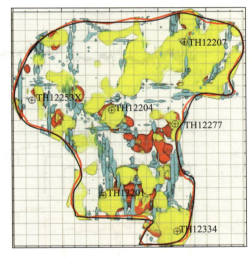

图 5-2-29　TH12201 单元能量体+蚂蚁体属性叠合图

2）单元前期注水效果及连通性分析

TH12201 井自 2011 年 8 月开始总计开展了 3 轮注水，第 1 轮注水 8 792 m³，第 2 轮注水 1.08×10⁴ m³，第 3 轮注水 3.2×10⁴ m³。邻井 TH12204 井和 TH12207 井压力响应明显，TH12204 井套压在第 1 轮注水期间由 0 MPa 上升至 2.6 MPa，在第 2 轮注水期间由 0 MPa 上升至 2.8 MPa；TH12207 井套压在第 1 轮注水期间由 0 MPa 上升至 4.2 MPa，在第 2 轮注水期间由 1 MPa 上升至 2.4 MPa，在第 3 轮注水期间由 0 MPa 上升至 0.8 MPa（图 5-2-30）。尤其在第 3 轮注水后，两生产井日产油量上升比较明显，TH12204 井日产油量由 64 t/d 上升到 85 t/d，TH12207 井日产油量由 56 t/d 上升到 102 t/d，增油效果显著。

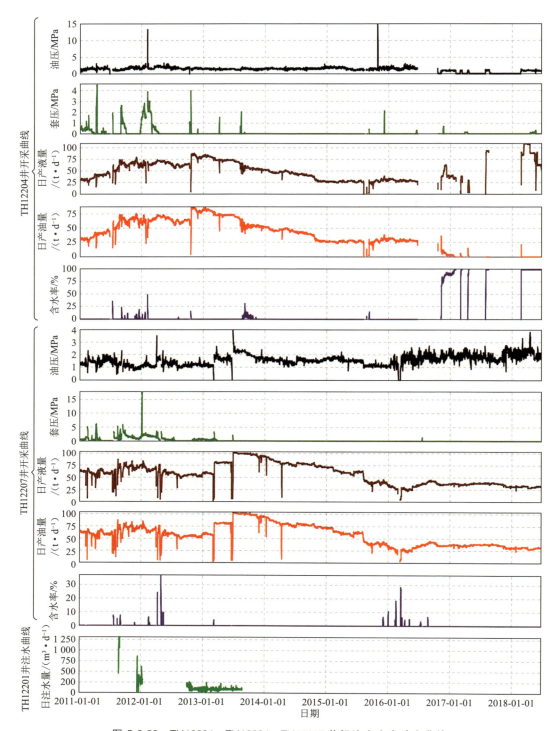

图 5-2-30　TH12201—TH12204—TH12207 井组注水生产动态曲线

3）注气潜力分析

（1）井区古暗河发育,储集体规模大,且次级裂缝连通,前期累积产量高,油气富集,剩余油挖潜潜力大;

（2）单元动态响应关系明确,连通性好,考虑通过注气进一步驱替井间剩余油。

由前面的分析可知,TH12201—TH12204 井组动态连通性好,井周及井间剩余油丰富,实施单元注气可以动用井间剩余油,因此该井具有开展单元注气的潜力。

4）油藏工程设计

（1）注采井网设计。

经分析,TH12204 井与邻井连通性好,因此注采对应关系设计为低注高采,选择低部位 TH12204 井进行注气,驱替井间剩余油。

TH12201 单元共有 6 口生产井,选取 TH12204 井作为注气井,目标受效井为相对高部位的 TH12201 井和 TH12207 井,TH12253X 井、TH12277 井和 TH12334 井作为二线受效监测井(表 5-2-11 和表 5-2-12)。

表 5-2-11　TH12201 单元氮气驱注采井网部署表

单　元	注气井	目标受效井	二线监测井
TH12201	TH12204	TH12201,TH12207	TH12253X,TH12277,TH12334

表 5-2-12　TH12201 单元目前生产层段统计表

井　名	完钻井深 /m	一间房顶深 /m	放空漏失井段 /m	目前完井层段 /m	产层距 T_7^4 距离 /m
TH12204	6 316.0	6 224.0	—	6 224.0～6 316.0	0～92.0
TH12201	6 256.0	6 162.5	—	6 162.5～6 256.0	0～93.5
TH12207	6 216.04	6 210.0	6 205.7～6 216.04	6 205.7～6 216.04	0～6.04
TH12334	6 233.0	6 147.5	—	6 147.5～6 233.0	0～85.5
TH12253X	6 269.0(斜)/ 6 254.66(垂)	6 168.5(斜)/ 6 155.0(垂)		6 168.5～6 269.0(斜)/ 6 155.0～6 254.66(垂)	0～100.5(斜)/ 0～99.66(垂)
TH12277	6 299.0	6 219.0	6 228.0～6 299.0	6 228.0～6 299.0	9.0～80.0

（2）注气量设计。

根据静态储量标定,TH12201 单元的可采地质储量为 $81.4×10^4$ t,TH12204—TH12201—TH12207 井组累积产油量为 $47.1×10^4$ t,剩余可采地质储量为 $18.2×10^4$ t。

根据数值模拟结果,当注气量为剩余可采地质储量的 1/5 时,注气波及体积达到最大,能够较好地提高油藏采收率(图 5-2-31)。考虑到单元前期注水连通性较好,为避免气窜,适当降低注气量,因此设计 TH12204—TH12201—TH12207 井组注气总量为 $1.8×10^4$ m³ (地层条件下),折算地面体积为 $547×10^4$ m³。

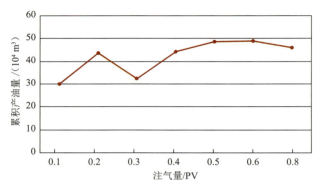

图 5-2-31 S48 单元不同注气量数值模拟曲线

（3）注气周期设计。

根据国内外矿场注气经验值，首轮注气量按照总注气量的 1/6 进行设计，即首轮注气量为 90×10^4 m³，日注气量为 4.8×10^4 m³/d（表 5-2-13），后期根据首轮注气情况进行调整：

① 如果首轮注气邻井受效情况不明显，则次轮注气可以适当增加注气量，调整至 100×10^4 m³~150×10^4 m³；

② 如果首轮注气邻井受效明显（邻井油压、套压、日产液量、日产油量等上升，含水率下降），则次轮注气应维持方案设计周期及周期注气量持续注气；

③ 如果首轮注气邻井气窜（邻井产气量大幅上升，产气组分分析氮气含量大于 10%），应立即停止注气，周期注气量应适当降低，原则上不能大于首轮气窜时的注气量；

④ 如果首轮注气邻井发生水窜现象（邻井含水率持续上升），则在注气压力可控范围内立即降低气水比维持注气，次轮注气按最低气水比进行注气，否则停注。

表 5-2-13 TH12201 单元氮气驱注气量设计表

注气井	首轮日注气量 /(10^4 m³·d⁻¹)	首轮注气量 /(10^4 m³)	注气周期数 /个	累积注气量 /(10^4 m³)
TH12204	4.8	90	6	540

前期研究表明，周期注气是缝洞型油藏注气开发过程中最适宜的注气方式，其气体波及体积明显大于连续注气，因此 TH12204—TH12201 井组采用周期注气方式进行注气。

根据氮气驱矿场统计结果，在不同的岩溶背景和地质储量基础条件下，设计合理的注气周期可以达到较好的气驱效果（表 5-2-14）。TH12204—TH12201 井组主要属于古暗河岩溶背景，井组覆盖地质储量为 178.4×10^4 t，因此设计注气周期为注气 23 d 停 293 d（表 5-2-14），考虑注气设备的实际运行能力，日注气量为 4.8×10^4 t/d，注气周期定为注 19 d 停 30 d；后期根据现场注气受效情况进行调整，以达到长期受效、避免气窜的目的。

表 5-2-14　TH12201 单元氮气驱注气周期设计表

岩溶背景	地质储量	注气周期	
		注气时间/d	停注时间/d
暗　河	大($>200\times10^4$ t)	66	129
	中($50\times10^4\sim200\times10^4$ t)	23	293
	小($<50\times10^4$ t)	74	305

5）矿场应用效果

TH12201 单元中 TH12204 井于 2018 年 7 月 14 日开展单元注气,截至 2021 年已累计注气 6 周期,累计注气 1 273 m³,邻井 3 口井见效,TH12201 井、TH12207 井和 TH12211 井分别增油 6 562 t,441 t 和 3 608 t,单元注气累计增油 1.1×10⁴ t,方气换油率 0.27 t/m³（图 5-2-32）。

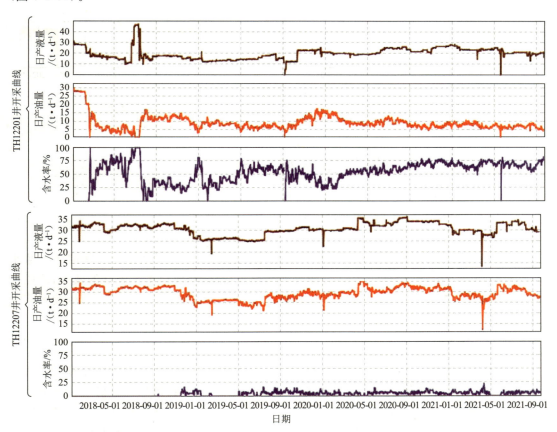

图 5-2-32　TH12204—TH12201—TH12207—TH12211 井组注采曲线

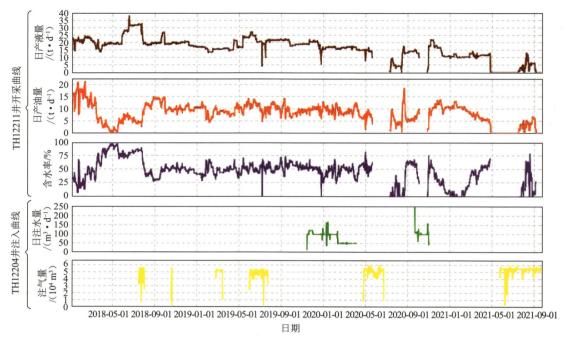

图 5-2-32(续)　TH12204—TH12201—TH12207—TH12211 井组注采曲线

5.3　泡沫辅助氮气驱典型案例

5.3.1　断溶体油藏中的应用

2018 年 6 月,优选了塔河八区 S86 单元作为先导试验井区开展以提高断溶体油藏水驱、气驱后剩余油再动用为目的的泡沫辅助氮气驱先导试验,取得了突破性的效果,阶段性改善了井区开发效果,为处于气驱开发中后期的缝洞型油藏提供了气驱失效后的改善开发效果技术。

1)S86 单元地质概况

S86 缝洞单元位于塔河八区西部 S86—T705 断垒带构造高部位,主要受两组北西向 S98 断裂、TK835 断裂及逆冲断裂控制,最终形成了中部高、东西低的构造格局。其中,S98 断裂和逆冲断裂是具油源断裂,是控制缝洞单元缝洞发育规模、连通程度等的关键地质因素。蚂蚁体＋振幅变化率叠合图(图 5-3-1)显示该单元北东、北西主干断裂发育,表现为工字形缝洞结构。同时结合单井钻时、酸压曲线及供液能力等,认为单元整体溶洞发育,井洞关系匹配良好,综合分析认为该缝洞单元属于典型的断溶体油藏,单元面积为 5.38 km²,单元地质储量为 479.1×10⁴ t。

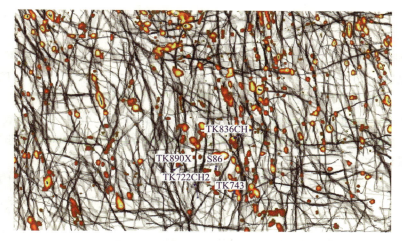

图 5-3-1 塔河八区 S86 单元蚂蚁体+振幅变化率叠合图

2）井组开发概况

TK722CH2 井组面积 1.68 km²，地质储量 288×10⁴ t，可采储量 73.1×10⁴ t，标定采收率 25.4%。截至 2018 年 9 月，TK722CH2 关联井组累计产油 53.3×10⁴ t，采出程度 18.5%，剩余可采地质储量 19.8×10⁴ t（表 5-3-1）。

表 5-3-1 TK722CH2 井组奥陶系油藏静动态基础数据统计表

井 组	井数 /口	面积 /km²	地面原油密度 /(g·cm⁻³)	地质储量 /(10⁴ t)	可采储量 /(10⁴ t)	标定采收率 /%	关联井组累积产油量 /(10⁴ t)	采出程度 /%	剩余可采储量 /(10⁴ t)
TK722CH2	5	1.68	0.852 9	288	73.1	25.4	53.3	18.5	19.8

第 1 阶段：天然能量开发阶段（2001 年 11 月—2008 年 7 月）。2001 年 11 月 9 日对 S86 井 T₇ˀ 以下 15.5～27.6 m 通过酸压建产，投产初期采用 φ6 mm 油嘴生产，油压 15.5 MPa，日产液量 246.5 t/d，日产油量 246.5 t/d，不含水。2003 年至 2008 年 TK743 井、TK722CH 井、TK835 井和 TK836CH 井相继投产，井组阶段初期日产液能力 356 t/d，日产油能力 323 t/d，综合含水率 9.2%，阶段末期日产液能力 80.3 t/d，日产油能力 52.5 t/d，综合含水率 34.6%。该阶段见水前累计产油 15.5×10⁴ t，阶段产油 45.0×10⁴ t。

第 2 阶段：井组水驱开发阶段（2008 年 8 月—2013 年 10 月）。TK836CH 井于 2010 年 10 月转单元注水井，井组进入水驱开发阶段。TK836CH 井注水 20 d、注水 2 700 m³ 后邻井 S86 井水驱受效，2011 年 2 月第 1 周期注水阶段结束，该阶段内 TK836CH 井累计注水 1.3×10⁴ m³，受效井 S86 井累计水驱增油 2 600 t。通过注水认识到井组油水井具有动态连通关系。TK835CH2 井于 2011 年 1 月转单元注水井，井组正式进入水驱开发阶段。TK835CH2 井注水 83 d、注水 6 791 m³ 后邻井 TK743 井水驱受效。2011 年 12 月第 1 周期注水阶段结束，该阶段内 TK835CH2 井累计注水 1.7×10⁴ m³，TK743 井累计水驱增油 6 300 t。通过注水认识到井组油水井具有动态连通关系。

第3阶段:水驱开发阶段。建立两个水驱注采对应井对 TK836CH—S86 和 TK835CH2—TK743,注水 $6.0×10^4$ m³,产油 $6.44×10^4$ t,增油 $2.12×10^4$ t。

第4阶段:井组气水复合驱阶段(2014年8月至目前)。在该阶段共建立两个方向的气驱注采受效关系,即 TK722CH2—S86 和 TK836CH—S86。其中,TK722CH2 井于2013年11月正式注气,累计注气4周期,累计注气 $346×10^4$ m³,在注气至 $200×10^4$ m³(第3周期)后与邻井 S86 井建立气驱注采受效关系,受效初期 S86 井日增油 27 t,受效 112 d 后失效,进入第4周期注气,截至目前累计增油 6 511 t;TK836CH 井于2015年进行单井兼顾单元注气,累计注气 $50×10^4$ m³,在注气过程中与邻井建立气驱注采受效关系。在该阶段,TK722CH2 井于2017年3月作为新增单元注水井开始注水,并与邻井 S86 井建立水驱注采受效关系,期间 TK835CH2 井、TK836CH 井仍保持单元周期注水,邻井 S86 井、TK743井仍保持一定的单元水驱效果。气水复合驱阶段,累计注氮气 $396×10^4$ m³,累计注水 $12.0×10^4$ m³,累计产油 $5.17×10^4$ t,其中气驱增油 $0.68×10^4$ t,水驱增油 $0.73×10^4$ t。

3)井区泡沫辅助氮气驱潜力评价

通过对 TK722CH2 关联井组前期气驱过程中出现问题的分析,结合目前静态刻画认识和生产状况,氮气驱主要存在以下3个关键问题:一是气驱受效方向单一。水驱连通动态响应关系与气驱连通动态响应关系具有明显的差异性,TK722CH2 井对 S86 井和 TK743 井在前期水驱过程中建立了明显的水驱注采受效关系,但后期气驱过程中 TK722CH2 井注气后仅 S86 井单向受效,氮气未向 TK743 井有效驱替,气驱受效方向单一。二是存在气窜风险。截至目前 TK722CH2 井已累计注氮气 $346×10^4$ m³,邻井 S86 井采用机抽+间喷生产,有明显的压力波动响应明显,第4周期气驱后,S86 井连续自喷,油压为4~6 MPa,有氮气突破的风险。三是气驱周期效果逐渐变差。TK722CH2 井第3、第4周期气驱分别注氮气 $100×10^4$ m³ 和 $146×10^4$ m³,S86 井在 TK722CH2 井第3周期注气31 d 后建立气驱注采受效关系,对应第3、第4周期 S86 井周期产油有一定的下降。第3周期 S86 最高日产油量为 31 t/d,周期产油 2 212 t,受效期 134 d,受效期平均日产油量为16.5 t/d;第4周期 S86 井最高日产油量为 25 t/d,周期产油 677 t,受效期平均日产油量为9 t/d,受效期平均日产油递减幅度达 45.4%。

因此,结合 TK722CH2 关联井组所存在的主要问题和井组内可挖潜区域的排查,认为该井组主要有以下潜力:

(1)该连通区域有提高气驱动用的潜力。通过注入高黏介质降低氮气和地层流体的气液流度比,改变氮气优势驱替方向,进一步扩大井组氮气驱波及范围。利用泡沫辅助氮气驱可扩大 TK722CH2 井氮气波及范围,改变氮气沿北东向断裂运移的单一优势驱替方向,向 S86 井和 TK743 井同时驱替。

(2)通过注入胶体氮气泡沫调整优势通道,通过调整向 S86 井的氮气分气量延缓 S86 井氮气驱见气时间。

4)井区先导试验设计

(1)注采对应关系优化设计。

结合 TK722CH2 区域连通性分析和选井原则分析,认为符合注气条件的井只有

TK722CH2 井和 S86 井,其中 S86 井具有较高的日产油能力,为保证产量,不建议关停注入;TK722CH2 井长期无产能,且产层位置相对较高,对邻井能形成高注低采,可最大限度地提高氮气波及体积,所以建议将 TK722CH2 井作为注入试验井。

TK722CH2 井组区域发育连通性较好的裂缝通道和规模较大的溶洞型储集体,其中 TK722CH2 井对邻井具有多向连通,目前井组内共有 5 口生产井(2 口常规采油井),1 口单元注气井,优选 TK722CH2 井作为泡沫辅助氮气驱的试验井,目标一线受效井分别为前期具备静动态连通关系的 S86 井和 TK743 井(表 5-3-2)。

表 5-3-2　TK722CH2 井组泡沫辅助氮气驱注采井网部署表

注气井	目标受效井
TK722CH2	S86,TK743

(2)泡沫辅助氮气驱注入量设计。

利用水驱曲线法对 TK722CH2 井组进行可采地质储量标定。利用采出程度加权法计算得到的 TK722CH2 关联井组可采地质储量为 $176×10^4$ t,剩余可采地质储量为 $19.8×10^4$ t。

不同岩溶油藏数值模拟结果表明,当注气量为剩余可采地质储量的 0.15 倍时,注气波及体积达到最大,累积产油量最高,气驱效果最好,能够较好地提高油藏采收率。根据此原则,该关联区域注气总量为 $900×10^4$ m³(地面条件下),折算地下体积为 $29\,700×10^4$ m³。

(3)氮气注入周期及周期间隔设计。

结合国内外矿场注气经验值和井组动静态连通性分析,以及断溶体油藏氮气驱受效特征,首轮注气量按照总注气量的 1/6 进行设计(表 5-3-3),后期根据首轮注气情况进行调整。

表 5-3-3　TK722CH2 井组周期注气量设计表

注气井	首轮日注气量 /(10^4 m³·d⁻¹)	首轮注气量 /(10^4 m³)	注入周期数 /个	累积注气量 /(10^4 m³)
TK722CH2	4.5～5.0	150	6	900

① 如果首轮注气邻井受效情况不明显,则次轮注气可以适当增加注气量;

② 如果首轮注气邻井受效情况明显(邻井油压、套压、日产液量、日产油量等上升,含水率下降),则次轮注气应维持方案设计周期及周期注气量持续注气;

③ 如果首轮注气邻井气窜(邻井产气量大幅上升,产气组分分析氮气含量大于 10%),则应立即停止注气,周期注气量应适当降低,原则上不能大于首轮气窜时的注气量;

④ 如果首轮注气邻井发生水窜(邻井含水率持续上升),则在注气压力可控范围内立即降低气水比维持注气,次轮注气按最低气水比进行注气,否则停注;

⑤ 如果首轮注气邻井在水驱过程中出现注入水突破现象(邻井含水率不正常上升),则应降低日注水强度或停止水驱。

前期单元注气数值模拟结果表明,周期注气是缝洞型油藏注气开发过程中最适宜的注气方式,其注气增油效果明显优于连续注气、注水,能够有效地提高注气波及体积,提高采收率。因此,TK722CH2关联井组本次泡沫辅助氮气驱试验采用周期注气方式。

根据氮气驱矿场统计结果,在不同的岩溶背景和地质储量基础条件下,设计合理的注气周期可以达到较好的气驱效果(表5-3-4)。TK722CH2井组井区位于次级断裂控制的断溶体岩溶发育区,井间有较好的连通性。本次试验的目的是降低气窜风险,扩大氮气波及体积,强化气驱效果。结合前期断溶体油藏的氮气驱受效特征和本单元油藏实际情况,对TK722CH2关联井组的氮气驱设计如下:TK722CH2关联井组井周溶洞、井间缝通道较发育,为防止过高的注气速度使氮气泡沫体系沿断裂通道快速运移而形成气窜,设计本井组注气前期(第1~2周期)注气40 d停60 d,后期(第4~6周期)注气40 d停90 d,后续根据现场注气受效情况进行调整。

表5-3-4 TK722CH2单元氮气驱注气周期设计表

岩溶背景		地质储量	注气周期	
			注气时间/d	停注时间/d
断溶体	主干断裂	大(>200×10⁴ t)	20	280
		中(50×10⁴~200×10⁴ t)	41	217
		小(<50×10⁴ t)	65	108
	次级断裂	大(>200×10⁴ t)	52	179
		中(50×10⁴~200×10⁴ t)	28	278
		小(<50×10⁴ t)	20	246

(4)凝胶氮气泡沫注入量及段塞优化设计。

结合泡沫辅助氮气驱技术研究成果,微分散凝胶泡沫体系的气液比为1:1时延缓气窜效果最佳,之后强化泡沫液体系的作用主要是给予后续注入氮气缓冲,防止氮气过快突破。通过计算确定凝胶氮气+泡沫体系地下体积为6 809 m³,其中单周期第1段塞微分散凝胶泡沫体系地下体积为3 125 m³、第2段塞强化泡沫体系地下体积为1 875 m³、第3段塞纯氮气为1 809 m³(表5-3-5)。

表5-3-5 泡沫辅助氮气驱先导试验注入段塞设计

注入顺序	段塞名称	胶体泡沫液设计量/m³	普通泡沫液设计量/m³	纯氮气量/(10⁴ m³)	气液比	氮气泡沫体系体积/m³	段塞作用
第1段塞	微分散凝胶泡沫体系	1 250	—	57	1.5:1	3 125	① 调整气驱优势通道;② 降低气窜风险;③ 新建注采关系

续表 5-3-5

注入顺序	段塞名称	胶体泡沫液设计量 /m³	普通泡沫液设计量 /m³	纯氮气量 /(10⁴ m³)	气液比	氮气泡沫体系体积 /m³	段塞作用
第 2 段塞	强化泡沫体系	—	625	38	2:1	1 875	保护第 1 段塞,防止第 3 段塞直接与第 1 段塞接触并突破第 1 段塞,失去改善气驱效果的作用
第 3 段塞	纯氮气驱			55	—	1 809	动力段塞,给予第 1 段塞运移动力,同时跟随第 1 段塞扩大波及体积
合　计		1 250	625	150		6 809	

5）先导试验效果

本次先导试验从 2018 年 9 月 20 日开始至 2018 年 11 月 3 日施工结束,经过 6 个月的评价阶段,认为本次断溶体油藏开展的泡沫辅助氮气驱先导试验取得了突破性的效果,初步明确了断溶体油藏水驱、气驱失效后可以通过泡沫辅助氮气驱技术对剩余油进一步挖潜,增油 2 635 t,有效延长了气驱开发生命周期。

（1）波及效果评价。

为验证凝胶泡沫扩大波及体积、控制气窜的能力和效果,在矿场试验过程中分别在凝胶泡沫段塞前后注入示踪剂 A、示踪剂 B。其中,示踪剂 A 为气溶性示踪剂 SF6,示踪 B 为气溶性示踪剂 R134A。两种示踪剂分别扩散在凝胶泡沫段塞前端气相和强化泡沫段塞前端气相中。图 5-3-2 为示踪剂 A 和示踪剂 B 在泵注段塞中的位置。

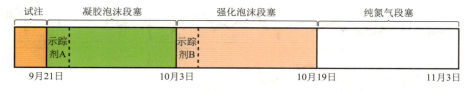

图 5-3-2　示踪剂 A 和示踪剂 B 在泵注段塞中的位置

试验过程中对 TK722CH2 井邻井 S86 井、TK890CH 井、TK850X 井、TK895X 井、TK743 井示踪剂产出情况进行连续监测。2018 年 10 月 11 日,S86 井因胶质沥青质堵塞关井,关井时邻井均未见示踪剂产出。示踪剂 A 注入 33 d 后,TK890XCH 井产出示踪剂 A,产出峰面积 14.1;示踪剂 A 注入 39 d 后,TK743 井产出示踪剂 A,产出峰面积 15.9。截至 2018 年 11 月 19 日,示踪剂 B 已注入 47 d,邻井均未确定产出示踪剂 B。分析可知,示踪剂 A 产出说明凝胶泡沫向 TK890 井、TK743 井方向波及,建立了新的连通关系;示踪剂 B 未产出说明凝胶泡沫段塞起到调堵作用,能够控制气体窜逸。

（2）增产效果评价。

TK722CH2 井凝胶泡沫辅助氮气驱先导试验有 3 口邻井不同程度见效（图 5-3-3）,增油效果最明显的井为 TK743 井,其综合含水率从试验前的 96.4% 下降至基本不含水,日产油水平从 5 t/d 提高至 37 t/d,全阶段增油 1 963 t;S86 井综合含水率由试验前的 72.5％下降至 23.5％,日产油水平从 3 t/d 提高至 33 t/d,全阶段增油 632 t;TK890CX 井前期未受到 TK722CH2 井气驱波及效果,本次先导试验该井有明显的波及响应特征,综合含水率由试验前 94.5％下降至 73.4％,日产油水平从 4 t/d 提高至 8 t/d,全阶段增油 253 t。试验效果证明泡沫辅助氮气驱技术能够对氮气驱优势波及通道形成一定的暂堵,为后续的纯氮气段塞开辟了新的波及路径,从而扩大了整体氮气驱效果。

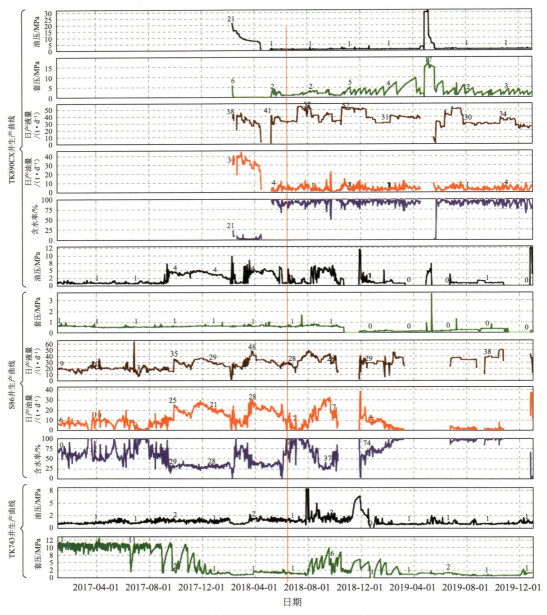

图 5-3-3　S86 单元泡沫辅助氮气驱开发效果曲线

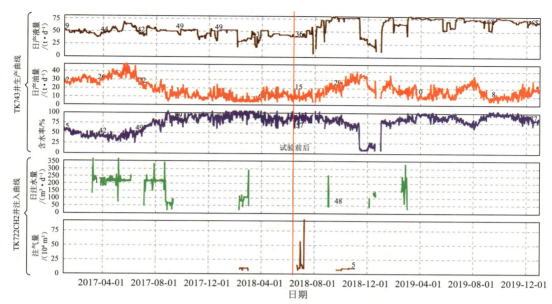

图 5-3-3(续)　S86 单元泡沫辅助氮气驱开发效果曲线

5.3.2　古暗河岩溶油藏中的应用

2018 年 6 月,为明确泡沫辅助氮气驱技术对不同岩溶类型油藏的适应性,在塔河六区 S67 单元古暗河岩溶控制区域的 TK647 井区开展了泡沫辅助氮气驱先导试验。该井区分别于 2018 年 6 月和 2019 年 3 月进行了两个周期的泡沫辅助氮气驱改善气驱开发效果先导试验,均取得了较好的效果。

1) S67 单元地质概况

塔河六至七区奥陶系顶面构造整体上表现为北东高、南西低的趋势,由北向南呈现出岩溶残丘—斜坡—缓坡形态。整体上由西向东可划分为 4 个构造单元:西部 TK712— TK635H—S71—TK660 井区的构造斜坡、中部 TK607—S67—TK630—S66—S74 与七区东部 TK714—TK456—TK762—TK454 井区的构造轴部、六区东部和七区中部 TK672— TK618—TK638—TK736 井区的冲蚀沟谷区。其中,S67 缝洞单元位于塔河六至七区中部构造轴部。全区主干深大断裂、伴生次级断裂共解释了 8 组,为区块主要断裂,主要发育 1 条断裂带,形成了全区的断裂体系。其中,主干深大断裂有 2 组,伴生 6 组主要次级断裂,它们均为区域挤压应力形成的逆断层,且以逆冲断层为主。S67 单元主要由 F6 和 F7 两组北北东向深大主干平行断裂控制,为区域性挤压地质应力作用形成的扇状褶皱构造样式,2 条主干深大断裂共同作用形成了断隆构造;主干断裂深入基底,伴生 3 条北北西向次级断裂,即 2 条北西向次级断裂和 1 条北东向次级断裂。全区主要发育两大地表水系,分别为西部的 S66—TK641 水系和东南部的 TK472—TK640 水系。两条地表水系流向均为由北向南,发育于海西早期,是海西早期岩溶作用的主控因素。在水系周边的高部位储层发育,油气相对富集。提取 T_7^7 面以下 0~100 ms 绝对振幅,可反映储层发育特征,明显看出有 2

215

条地下暗河水系,分别为中部 S74—TK615 地下水系和 S65—S67 地下水系。通过实钻发现,古暗河发育区域是储层发育的有利部位,整体供液充足。从古暗河投产井统计来看,平均单井累产 $11.6×10^4$ t,高于全区平均单井累产($6.2×10^4$ t),单井累产高,油气富集,其溶洞钻遇率 65.8%,高于全区的 56.7%。S67 单元属于典型的古暗河岩溶+断裂带共同控制的开发单元(图 5-3-4)。

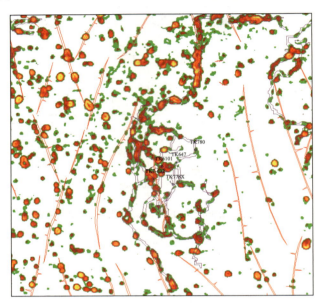

图 5-3-4 塔河六至七区 S67 单元 TK647 井区断裂+古暗河+振幅变化率分布图

2)井区泡沫辅助氮气驱潜力评价

该井首轮注气后邻井出现气窜,近井地带难以存气,远端储集体难于动用,剩余油丰富。针对此情况,在 TK647 井开展氮气+胶体泡沫三次采油先导试验。胶体泡沫是将聚合物与起泡剂复配,使泡沫性能更加稳定,析液半衰期更长,液膜更厚,泡沫表观黏度更大,界面张力达到超低,可以更好地携带氮气驱向远端储集体,从而提高驱替效率和洗油效率,充分发挥氮气泡沫"油中驱替水中封堵""对大孔道封堵强于小孔道"以及氮气重力置换压水锥特性,释放远、近端高部位的阁楼油,从而提高底水油藏采收率。

首先,S67 单元的 TK647 井区整体受古暗河控制,油气富集,S67 单元采出程度仅为12.3%,TK647 井累产 $6.3×10^4$ t;其次,TK647 井位于 S67 单元深部古暗河分支河道上,静态上连通基础较好,井间地震显示存在异常体;第三,示踪剂资料显示 TK647 井与多井连通;第四,注水注气期间动态响应明显,TK7-632 井、TK778X 井、TK780 井注水期间动态响应明显;最后,TK780 井、TK7-632 井注气期间动态响应明显。该井区具备通过氮气泡沫调整气驱开发效果的潜力。

3)泡沫辅助氮气驱先导试验设计

(1)第 1 轮次泡沫辅助氮气驱试验设计。

鉴于 TK647 井前期注气压力比较低的情况,为了提高横向驱替效率,对缝洞型碳酸盐岩油藏首次展开胶体泡沫矿场试验,初步暂定设计注入氮气 $180×10^4$ m³(折算地下体积约 7 086 m³),暂定氮气泡沫地下气液体积比为 4∶1,起泡液 1 000 m³(GD-2 起泡剂和 YDM-22 聚合物体积分数各 1.5%)。

在不同排量等级情况下注入标况氮气(泡沫),求取地层在每一注气排量下的稳定吸气指数和注气压力数据。按照表 5-3-6 的试注流程实施注气,并获取地层吸气指示曲线。具体测试时可根据试注井的实际注气情况确定每个段塞的稳定时间,待注气量稳定后取准注气压力与注气量资料,求取吸气指示曲线,确定油井吸气能力。

要求注氮气(泡沫)过程中井口最大注入压力低于 40 MPa,若在设计排量下井口注入压力高于 40 MPa,则可以先停注测试压降,再调整段塞伴注泡沫液完成试注,试注标准氮气总量为 $20.0×10^4$ m³,泡沫液为 200 m³。

表 5-3-6　TK647 井组泡沫辅助氮气驱试注测试程序

序　号	段塞性质	氮　气		起泡液		井口压力 /MPa	地下体积 /m³	备　注
		排量 /(m³·h⁻¹)	注气量 /(10⁴ m³)	排量 /(m³·h⁻¹)	注液量 /m³			
1	氮　气	2 400	5	—	—	<40	90.7	
2	氮气泡沫	2 400	5	4	100	<40	140.7	添加示踪剂
3	氮　气	2 400	5	—	—	<40	90.7	
4	氮气泡沫	2 400	5	4	100	<40	140.7	
合　计			20.0		200		462.8	

按照表 5-3-7 泵注程序进行注氮气泡沫施工,按设计量注氮气泡沫,期间可通过调节泡沫液量控制油压在 40 MPa 以下、套压在 30 MPa 以下运行;注完满足要求的顶替水后,管理区根据相关规定注稀油,施工结束后关井焖井。

表 5-3-7　泡沫辅助氮气驱三次采油施工泵注程序

注入顺序	段塞组合	段塞用量 /m³	氮气排量 /(m³·h⁻¹)	泡沫排量 /(m³·h⁻¹)	井口压力 /MPa	备　注
第 1 段塞	氮气＋泡沫液＋氮气(试注段塞)	$10×10^4$＋200＋$10×10^4$	2 400	4	<40	1.5% GD-2＋1.5%YDM-22
第 2 段塞	氮气＋泡沫液＋氮气	$20×10^4$＋400＋$20×10^4$	2 400	4	<40	1.5% GD-2＋1.5%YDM-22
第 3 段塞	氮气＋泡沫液＋氮气	$20×10^4$＋400＋$20×10^4$	2 400	4	<40	1.5% GD-2＋1.5%YDM-22
第 4 段塞	氮　气	$80×10^4$	2 400		<40	添加示踪剂
	顶替液(地层水)	300	—		<40	
合　计		氮气累计 $180×10^4$ m³,泡沫液累计 1 000 m³				

（2）第 2 轮次氮气泡沫试验设计。

结合第 1 轮次胶体泡沫矿场试验成果，第 2 轮次胶体泡沫驱采用 3％胶体泡沫体系＋2％胶体泡沫体系＋1％胶体泡沫体系＋纯氮气 4 段塞式注入方式。

注入泡沫液总量 800 m^3，其中 3％稳泡剂 500 m^3，2％稳泡剂 200 m^3，1％稳泡剂 100 m^3。

注入氮气总量为 150×10^4 m^3，其中 15×10^4 m^3 氮气用于制备 3％胶体泡沫体系（氮气与泡沫液地下体积之比为 1∶1），6×10^4 m^3 氮气用于制备 2％胶体泡沫体系（氮气与泡沫液地下体积之比为 1∶1），9×10^4 m^3 用于制备 1％胶体泡沫体系（氮气与泡沫液地下体积之比为 3∶1），剩余 120×10^4 m^3 纯氮气作为第 4 段塞注入。结合前期实验结果，2％～3％胶体泡沫体系在气液比为 1∶1 时延缓气窜效果最佳，而 1％胶体泡沫体系的作用主要是给予后续注入氮气缓冲，防止氮气过快突破。

通过计算，氮气＋泡沫体系地下体积达 5 300 m^3，其中第 1 段塞 3％胶体泡沫体系地下体积为 1 000 m^3，第 2 段塞 2％胶体泡沫体系地下体积为 400 m^3，第 3 段塞 1％胶体泡沫体系地下体积为 400 m^3，纯氮气地下体积为 3 500 m^3（表 5-3-8）。

表 5-3-8　泡沫用量设计

注入顺序	段塞名称	胶体泡沫液设计量 /m^3	纯氮气量 /(10^4 m^3)	气液比	氮气泡沫体系体积 /m^3	段塞作用
第 1 段塞	3％胶体泡沫体系	500	15	1∶1	1 000	① 调整大尺度气驱优势通道； ② 抑制气窜； ③ 新建注采关系
第 2 段塞	2％胶体泡沫体系	200	6	1∶1	400	① 调整中、小尺度气驱优势通道； ② 抑制气窜； ③ 新建注采关系
第 3 段塞	1％胶体泡沫体系	100	9	3∶1	400	① 开启新通道； ② 保护主段塞，防止氮气段塞直接接触并突破第 1 段塞而失去改善气驱效果的作用
第 4 段塞	纯氮气驱	—	120	—	3 500	① 动力段塞，给予前置泡沫段塞运移动力； ② 作为驱替介质增加地层能量、扩大波及体积
合　计		800	150		5 300	

4）井区先导试验效果

TK647 井区在气驱效果变差后实施了两个周期的泡沫辅助氮气驱矿场试验。从矿场试验效果（图 5-3-5）可以看出，泡沫辅助氮气驱具有良好的改善古暗河＋断溶体区域纯氮气驱开发效果的作用，对气驱优势波及方向具有一定的调整作用，起到阶段性扩大波及体

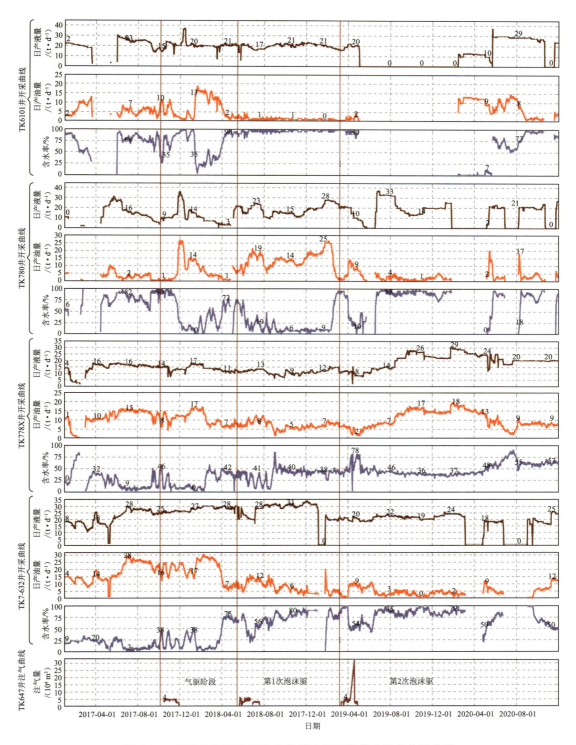

图 5-3-5　TK647 井区氮气驱-泡沫辅助氮气驱整体开发效果曲线

积的效果。

　　从邻井受效分析可以看出,TK780 井在两周期泡沫辅助氮气驱过程中恢复了较高的产能,日产油由 1 t/d 提高至 25 t/d,受效期 532 d,两周期泡沫驱累计增油 2 164 t。邻井 TK778X 井泡沫驱前后生产特征也有明显的差异性,第 1 周期泡沫辅助氮气驱试验过程中初期水侵状态相对稳定,形成对氮气驱阶段的稳产效果;第 2 周期试验过程中液量有所上升,含水整体保持稳定,分析认为该阶段氮气泡沫形成了稳定的驱替,有效改善了油井开发效果。第 1 周期泡沫驱该井日产油水平由 5.5 t/d 提高至 12.5 t/d,第 2 周期泡沫驱该井日产油水平由 1.6 t/d 提高至 16.8 t/d,全阶段增油 3 164 t。邻井 TK6101 和 TK7-632 井虽然有一定的泡沫驱受效特征,但受该区域强底水能量沿高角度断裂带持续侵入,在降低第 2 周期泡沫体系中氮气总量后无法有效控制底水,第 2 周期泡沫驱效果明显弱于第 1 周期。

参 考 文 献

[1] 李阳.碳酸盐岩缝洞型油藏开发理论与方法[M].北京:中国石化出版社,2014.

[2] 窦之林.塔河油田碳酸盐岩缝洞型油藏开发技术[M].北京:石油工业出版社,2012.

[3] 康志江,赵艳艳,张冬丽.缝洞型碳酸盐岩油藏数值模拟理论与方法[M].北京:地质
    出版社,2015.

[4] 王招明,张丽娟,杨海军.超深缝洞型海相碳酸盐岩油气藏开发技术[M].北京:石油
    工业出版社,2017.

[5] 李阳.碳酸盐岩缝洞型油藏开发理论与方法[M].北京:中国石化出版社,2014.

[6] 李士伦,郭平,王仲林.中低渗透油藏注气提高采收率理论及应用[M].北京:石油工
    业出版社,2007.

[7] 叶仲斌.提高采收率原理[M].北京:石油工业出版社,2000.

[8] 刘钰铭,侯加根.缝洞型碳酸盐岩油藏三维地质建模——以塔河油田奥陶系油藏为例
    [M].北京:石油工业出版社,2016.

[9] 庞彦明.国外油田注气开发实例[M].北京:石油工业出版社,2001.

[10] 闫长辉.塔河缝洞型油藏特征及开发技术对策[M].北京:科学出版社,2016.

[11] 朱桂良,刘中春,宋传真,等.缝洞型油藏不同注入气体最小混相压力计算方法[J].
    特种油气藏,2019,26(2):132-135.

[12] 宋传真,朱桂良,等.缝洞型油藏氮气扩散系数测定及影响因素[J].西南石油大学学
    报,2020(8):95-103.

[13] 朱桂良.塔河油田断溶体油藏气驱井组注气量计算方法[J].新疆石油地质,2020
    (4):248-252.

[14] 闻宇晨,屈鸣,侯吉瑞,等.缝洞型碳酸盐岩油藏裂缝中的 N_2 运移特征[J].油田化
    学,2019,36(2):291-296,347.

[15] 杨景斌,侯吉瑞.缝洞型碳酸盐岩油藏岩溶储集体注氮气提高采收率实验[J].油气
    地质与采收率,2019,26(6):1-8.

[16] 屈鸣,侯吉瑞,闻宇晨,等.缝洞型油藏裂缝中泡沫辅助气驱运移特征[J].石油科学
    通报,2019(3):300-309.

[17] 屈鸣,侯吉瑞,马仕希,等.缝洞型油藏溶洞储集体氮气泡沫驱注入参数及机理研究

[J].石油科学通报,2019,3(1):57-66.

[18] 屈鸣,侯吉瑞,李军,等.缝洞型油藏三维可视化模型底水驱油水界面特征研究[J].石油科学通报,2018,3(4):422-432.

[19] 屈鸣,侯吉瑞,闻宇晨,等.阴-非-阴离子型起泡剂协同增强泡沫耐盐性[J].油田化学,2019(3):501-507.

[20] 朱桂良,孙建芳,刘中春,等.塔河油田缝洞型油藏气驱动用储量计算方法[J].石油与天然气地质,2019,26(2):436-442,450.

[21] 窦之林.碳酸盐岩缝洞型油藏描述与储量计算[J].石油实验地质,2014,36(1):9-15.

[22] 袁士义,刘尚奇,张义堂,等.热水添加氮气泡沫驱提高稠油采收率研究[J].石油学报,2004,25(1):57-61.

[23] 刘学利,翟晓先,杨坚,等.塔河油田缝-洞型碳酸盐岩油藏等效数值模拟[J].新疆石油地质,2006,27(1):76-78.

[24] 刘学利,焦方正,翟晓先,等.塔河油田奥陶系缝洞型油藏储量计算方法[J].特种油气藏,2005,12(6):22-24,36,104.

[25] 胡向阳,李阳,王友启,等.三维地质模型概率法在碳酸盐岩缝洞型油藏石油地质储量研究中的应用——以塔河油田四区为例[J].油气地质与采收率,2013,20(4):46-48,61,114.

[26] 杨敏,靳佩.塔河油田奥陶系缝洞型油藏储量分类评价技术[J].石油与天然气地质,2011,32(4):625-630.

[27] 刘学利,鲁新便.塔河油田缝洞储集体储集空间计算方法[J].新疆石油地质,2010(6):593-595.

[28] 朱桂良,孙建芳,刘中春.塔河油田缝洞型油藏气驱动用储量计算方法[J].石油与天然气地质,2019,40(2):436-442,450.

[29] 郑松青,刘东,刘中春,等.塔河油田碳酸盐岩缝洞型油藏井控储量计算[J].新疆石油地质,2015,36(1):78-81.

[30] 马立平,李允.缝洞型油藏物质平衡方程计算方法研究[J].西南石油大学学报,2007,29(5):66-68,200.

[31] 刘学利,汪彦.塔河缝洞型油藏溶洞相多点统计学建模方法[J].西南石油大学学报,2012,34(6):53-58.

[32] 惠健,刘学利,汪洋,等.塔河油田缝洞型油藏注气替油机理研究[J].钻采工艺,2013,36(2):55-57.

[33] 白凤瀚,申友青,孟庆春.雁翎油田注氮气提高采收率现场试验[J].石油学报,1998,19(4):3-5.

[34] 马志宏,郭勇义,吴世跃.注入二氧化碳及氮气驱替煤层气机理的实验研究[J].太原理工大学学报,2001,32(4):335-338.

[35] 惠健,刘学利,汪洋,等.塔河油田缝洞型油藏单井注氮气采油机理及实践[J].新疆石油地质,2015,36(1):75-77.

[36] 高永荣,刘尚奇,沈德煌,等.超稠油氮气、溶剂辅助蒸汽吞吐开采技术研究[J].石油勘探与开发,2003,30(2):73-75.

[37] 吴永超,黄广涛,胡向阳,等.塔河缝洞型碳酸盐岩油藏剩余油分布特征及影响因素[J].石油地质与工程,2014,28(3):74-77,148.

[38] 柳洲,康志宏,周磊,等.缝洞型碳酸盐岩油藏剩余油分布模式——以塔河油田六七区为例[J].现代地质,2014,28(2):369-378.

[39] 张宏方,刘慧卿,刘中春.缝洞型油藏剩余油形成机制及改善开发效果研究[J].科学技术与工程,2013,13(35):10470-10474.

[40] 解慧,李璐,杨占红,等.塔河油田缝洞型油藏单井注氮气影响因素研究[J].石油地质与工程,2015,29(4):134-138.

[41] 吕铁,刘中春.缝洞型油藏注氮气吞吐效果影响因素分析[J].特种油气藏,2015(6):114-117.

[42] 陈勇,郭臣,解慧.缝洞型油藏单井注氮气效果评价研究[J].内蒙古石油化工,2017(11):140-143.

[43] 张艳玉,王康月,李洪君.气顶油藏顶部注氮气重力驱数值模拟研究[J].中国石油大学学报(自然科学版),2006,30(4):58-62.

[44] 张冬丽,李江龙.缝洞型油藏流体流动数学模型及应用进展[J].西南石油大学学报(自然科学版),2009,31(6):66-70,209-210.

[45] 崔书岳,邸元.缝洞型油藏基于重力分异假定的数值模拟[J].应用基础与工程科学学报,2020(2):331-341.

[46] 康志江,李阳,计秉玉,等.碳酸盐岩缝洞型油藏提高采收率关键技术[J].石油与天然气地质,2020(2):434-441.

[47] 黄朝琴,周旭,等.缝洞型碳酸盐岩油藏流固耦合数值模拟[J].中国石油大学学报(自然科学版),2020(1):96-105.

[48] 张冬丽,张允,崔书岳.缝洞型油藏分区变重介质模拟方法[J].水动力学研究与进展(A辑),2019(5):674-681.

[49] 赵艳艳,崔书岳,张允.基于流线数值模拟精细历史拟合的缝洞型油藏剩余油潜力评价[J].西安石油大学学报(自然科学版),2019(5):45-51,56.

[50] 邵仁杰,邸元,崔书岳,等.油藏数值模拟的裂缝/溶洞嵌入式计算模型[J].东北石油大学学报,2019,43(4):99-106,124.

[51] 张冬丽,崔书岳,张允.缝洞型油藏多尺度裂缝模拟方法[J].水动力学研究与进展(A辑),2019(1):13-20.

[52] 吕心瑞,韩东,李红凯.缝洞型油藏储集体分类建模方法研究[J].西南石油大学学报(自然科学版),2018,40(1):68-77.

[53] 梁尚斌,邓媛,周薇.塔河油田缝洞型油藏单井注N_2替油的注气量优选[J].钻采工艺,2016,39(4):60-62,5.

[54] 高艳霞,李小波,彭小龙.缝洞型油藏大尺度缝洞体等效模拟方法研究[J].长江大学学报(自然科学版),2016,13(14):66-69,6.

[55] 张娜,姚军,黄朝琴,等.基于离散缝洞网络模型的缝洞型油藏混合多尺度有限元数值模拟[J].计算力学学报,2015,32(4):473-478.

[56] 沈平平,江怀友,陈永武,等.CO_2注入技术提高采收率研究[J].特种油气藏,2007,14(3):1-4,11.

[57] 路向伟,路佩丽.利用CO_2非混相驱提高采收率的机理及应用现状[J].石油地质与工程,2007,21(2):58-61.

[58] HOLTZ M H. Summary of gulf coast sandstone CO_2 EOR flooding application and response[C]. SPE 113368,2008.

[59] 江怀友,沈平平,李治平,等.世界二氧化碳埋存及利用方式研究[J].国际石油经济,2007(7):16-19.

[60] PETEICH B J B,KONOPCZYNSKI M R. Application of smart well technology to the SACROC CO_2 EOR project:A case study[C]. SPE 100117,2006.

[61] CHAKRAVARTHY D,MURALIDAHARAN V,et al. Mitigating oil bypassed in fractured cores during CO_2 flooding using wag and polymer gel injections[C]. SPE 97228,2006.

[62] ENGLEZOS P,LEE J D. Gas hydrates:A cleaner source of energy and opportunity for innovative technologies[J]. Korean Journal of Chemical Engineering,2005,22(5):671-681.

[63] ESPIE A A. A new dawn for CO_2 EOR[C]. IPTC 10935,2005.

[64] FANCHI J R. Feasibility of monitoring CO_2 sequestration in a mature oil field using Time-Lapse seismic analysis[C]. SPE 66569,2004.

[65] GALE J. Geological storage of CO_2:What's known,where are the gaps,and what more needs to be done//Greenhouse Gas Control Technologies I[M]. Amsterdam:Elsevier,2003.

[66] GASPAR A T F S,LIMA G A C,SUSLICK S B. CO_2 capture and storage in mature oil reservoir:Physical description,EOR and economic valuation of a case of a brazilian mature field[C]. SPE 94181,2005.

[67] GASPAR A T F S,SUSLICK S B,FERREIRA D F,et al. Economic evaluation of oil production project with EOR:CO_2 sequestration in depleted oil field[C]. SPE 94922,2005.

[68] LANDT C A. Reservoir aspects of smart wells[C]. SPE 81107,2003.